试探方程法及其应用

李文赫　张春辉　著

石油工业出版社

内 容 提 要

本书系统地介绍了求解非线性发展方程的多项式完全判别系统方法、试探方程法、复试探方程法、耦合试探方程法及变系数试探方程法,并利用这些方法求解了大量的光学、流体力学、通信领域中常见的方程.

本书可作为高等院校或科研院所数学、力学、工程等相关专业的研究生教材或参考书,也可以供相关领域的科研人员参考.

图书在版编目(CIP)数据

试探方程法及其应用/李文赫,张春辉著. —北京:
石油工业出版社,2021.5
ISBN 978-7-5183-4603-5

Ⅰ.①试… Ⅱ.①李…②张… Ⅲ.①无粘性流动-
流体力学-方程-研究生-教材 Ⅳ.①O35

中国版本图书馆 CIP 数据核字(2021)第 068491 号

出版发行:石油工业出版社
　　　　　(北京安定门外安华里2区1号楼　100011)
　　　　　网　　址:www.petropub.com
　　　　　编辑部:(010)64523712
　　　　　图书营销中心:(010)64523633
经　　销:全国新华书店
印　　刷:北京中石油彩色印刷有限责任公司

2021 年 5 月第 1 版　2021 年 5 月第 1 次印刷
787×1092 毫米　开本:1/16　印张:8.25
字数:160 千字

定价:52.00 元
(如发现印装质量问题,我社图书营销中心负责调换)

前　言

　　非线性发展方程在工程技术领域有广泛的应用,线性发展方程具有比较完善的理论,而非线性发展方程由于其固有的困难,没有普遍适用的理论.不同类型的非线性发展方程往往需要不同的技巧和方法,定性和定量分析是两个最基本的研究途径.定性的分析包括解的存在性、多解性等的证明,利用的方法主要是泛函分析以及拓扑学中的原理,如不动点定理、临界点理论、动力系统方法等;定量的研究包括解的构造、解的渐近性分析等,当然还有实践中广泛应用的数值分析方法.对于非线性发展方程来说,寻找它的精确解一直是非线性科学的核心研究内容之一.有了精确解,就可以精确地对实际模型数值模拟的可靠性进行评估及对实际物理现象进行解释.因此它一直是广大数学家和物理学家研究的前沿课题和热点问题.各种理论和方法应运而生,大量非线性发展方程的精确解被构造出来,其中最重要的是可积系统和孤立子理论,它在数学本身、非线性光学、凝聚态物理和流体力学等领域都产生了并继续产生着广泛的影响.

　　1834 年,英国科学家 Russel 偶然发现一艘在河床中行驶的船突然停止,被船体带动的水积聚在船头周围并剧烈地翻动.不久,一个圆形的巨大孤立波峰(波长约 10m,高度约为 0.5m)开始形成,并急速离开船头向前运动,在 2~3km 后消失,Russel 称之为孤波.但他并未在理论上证明孤波的存在,这一发现引起了当时物理学界的震动.

　　直至 61 年后的 1895 年荷兰数学家 Korteweg 和 Vries 建立了如下的浅水波运动方程才证实了孤波的存在

$$\frac{\partial \eta}{\partial \tau} = \sqrt{\frac{g}{h}} \, \frac{\partial}{\partial \tau} \left(\frac{3}{4} \eta^2 + \alpha \eta + \frac{\sigma^2}{2} \frac{\partial^2 \eta}{\partial \xi^2} \right),$$

其中 η 为波高,τ 为时间,ξ 为位移,g 为重力加速度,h 为水深,α, σ 均为常数.

　　通过适当的变换,上式简化为

$$u_t + u_{xxx} + 6uu_x = 0,$$

这就是著名的 KdV 方程.

　　并且他们从该模型中得到了与 Russel 描述的相似、速度与振幅成比例且保持波速和形状不变的孤立波解

$$u(x,t) = -2k^2 \operatorname{sech}^2(kx - 4k^3 t + x_0),$$

其中 k 和 x_0 为常数.在这个孤立波解被发现后,孤立波的存在才得到普遍承认.

1965 年,美国数学家 Kruskal 与 Zabusky 通过数值计算发现 KdV 方程所形成的孤波的形状和速度保持不变而具有弹性散射的性质,由于这种显著的类粒子行为,所以他们又将这种稳定的孤波称为孤立子,从此非线性发展方程与孤立子才被科学家广泛研究.随着研究的不断深入,大批具有孤立子解的非线性发展方程逐渐被发现,如 Schrödinger 方程、Sine-Gordon 方程、Boussinesq 方程、Burgers 方程、mKdV方程、Fisher 方程、KP 方程等.

孤立子的发现引起人们对相应的非线性发展方程进行深入的研究,特别是要找到构造精确解的方法.一般来说,研究非线性发展方程的精确动力学行为是很困难的问题,其复杂性决定着它不可能有统一的解法.一个里程碑式的突破发生在 1967 年,Gardner 在研究 KdV 方程时,发现 KdV 方程和常微分算子的特征问题具有紧密联系,特别地,若微分算子中所含的位势取为 KdV 方程的解时,算子的特征值与时间无关.于是,求解 KdV 方程的初值问题可以转化为求解上述特征问题的正问题和反问题.这就是著名的逆散射(IST)方法.由此引起了可积系统理论一系列深刻结果的出现.

Backlund 变换起源于 1857 年数学家 Backlund 对经典微分几何曲面论的研究.1967 年 Lamb 在研究超短光脉冲的传播问题时导出了经典的 Sine-Gordon 方程,并利用 Sine-Gordon 方程的 Backlund 问题的结果讨论了超短光脉冲的发展问题. 这一工作导致 Backlund 变换应用于大量的非线性发展方程.这也意味着孤立子方程具有高度的对称性,因此可以利用 1874 年挪威数学家 Lie 所引入的李群的理论研究非线性发展方程的对称性和可解性.

但是,从应用的角度,逆散射方法以及 Backlund 变换等一般都需要高度的技巧.所以应用科学家们希望能够有简单的直接构造精确解的方法.经过很多学者们的努力,目前已经提出了许多直接展开方法,如双线性方法、混合指数法、齐次平衡法、双曲函数展开法、Jacobi 椭圆函数展开法等.例如,Korpel 于 1978 年分别从数学和物理学角度发现非线性发展方程的孤立波解可由其线性方程的实指数解来构造.Hereman 在此基础上分析了孤立波的物理性质提出了构造非线性发展方程孤立波解的混合指数方法.此后该方法不断得到改进,逐步发展为一个计算非线性发展方程孤立波解的有效方法.混合指数方法的基本原理是将非线性发展方程的孤立波解表示为该方程中线性部分的实指数解的级数形式,其实质是将非线性发展方程孤立波解的求解问题转化为递推方程的求解,从而将非线性发展方程孤立波解的求解问题归结为组合计算问题.尽管手工求解复杂的递推方程并不容易,然而得益于计算机代数的发展,可以借助计算机代数系统有效地处理烦琐的代数计算,从而归纳出递推方程的解并加以验证,最终获得非线性发展方程的精确孤立波解.

1989 年,Lan 等提出了双曲正切函数展开方法,1992 年,Mallet 总结了前人的思想,系统地阐述了这种方法.许多简单但重要的非线性发展方程都可以通过这个方法获得孤立波解,并通过求解获得许多非线性波的重要性质.双曲正切函数展开方法以多数非线性发展方程的孤立波解都具有双曲函数形式为基础,其本质在于对所求非线性发展方程的解作先验性假设,即孤立波解可以表示为双曲正切函数的多项式.这样就将非线性发展方程孤立波解求解问题转换为非线性代数方程组的求解问题.

1994 年,王明亮等提出了齐次平衡法,齐次平衡法可以看作是传统的 Cole-Hopf 变换的扩展和一般化.齐次平衡原则的主要特点是:首先从非线性数学物理方程(组)的结构出发,分析其非线性特点、色散和耗散因素的阶数,按照它们之间最高阶数可部分平衡的原则,确定非线性方程解(含有待定函数)应具有的一般形式或非线性变换的一般形式;其次将这种形式的解代回原方程,合并待定函数及其偏导数的各次齐次部分并使其平衡,从而得到易于求解的待定函数的齐次偏微分方程组,这个方程组一般是超定的.齐次形式的超定偏微分方程组的求解方法很多,一般可将解假设为特定形式,从而将偏微分方程组化作非线性代数方程组,再求解非线性代数方程组即可获得原非线性数学物理方程的精确解.无论是混合指数方法、双曲函数展开法,还是齐次平衡法,通常只能求得非线性发展方程的孤立波解.

2001 年,刘式适等提出 Jacobi 椭圆函数展开法,运用该方法可以获得某一类非线性发展方程的周期波解,在退化情况下这些周期波解可约化为孤立波解.在之后的研究中,学者们将该方法推广使其不仅能用来构造非线性发展方程或耦合非线性发展方程组的周期波解,在某些情况下还可以求出相应的孤立波解.

这些方法都可以称为直接展开法.其基本思想就是先假设解具有某种特殊的形式,然后带入原方程,如果能求出待定的参数就可以求得想要的精确解.

所有这类方法不是从方程本身出发,而是从猜测解形式出发,所以大多数都难以从理论上有深入理解.当然,还有其他各种各样有用的展开法以及其他求解方法.

刘成仕于 2004 年和 2005 年分别提出了两个系统的求解非线性微分方程精确解的强有力方法,即多项式完全判别系统方法和试探方程法,成功地求解了大量的数学物理方程.经过 15 年左右,这两个方法在国际上被广泛应用和发展.例如,在多项式完全判别系统方法方面,刘成仕在一系列论文中,首次利用三阶、四阶和五阶多项式完全判别系统建立了 Sine-Gordon 方程、Sinh-Gordon 方程、NNV 方程、Camassa-Holm 方程、高阶色散长波方程、广义 Ginzberg-Landau 方程等重要的数学物理方程的所有单行波解的完整分类.利用该方法,Padir 以及 Bulut 等给出了广义 KP 方程等几个非线性发展方程行波解的分类,其他学者也对广泛的非线性方程的行波解进行了研究.首先是刘成仕在其一系列论文中提出了试探方程法,并应用到常系数和变系数非线性微分方程,包括秩齐次和非齐次情况.接着国际上很多学者应用和发展了这个方法,例如,Trik 和 Wazwaz 利用试探方程法求解了生物和光学中的非线性发展方程,Biswas 及其小组利用试探方程法研究了广泛的光学方程,Gepreel、Pandir 及其合作者等推广了试探方程法求解了大量的非线性微分方程,Du 推广到无理函数试探方程情形,Yang 和 Liu 等推广试探方程法求解了若干物理学中的方程.

然而还有大量的非线性发展方程用已知的试探方程法不能求解,因此发展这一方法去处理更困难的方程就是一项非常有意义的工作.

全书共分为五章,第一章介绍了多项式完全判别系统方法,并求解了带幂律的 BBMP 方程、DSW 方程组;第二章介绍了试探方程法的基本思想,并求解了五阶 CDG 方程、(2+1)维 KP-BBM 方程;第三章介绍了复试探方程法,并求解了带二次—三次非线性项的 Schrödinger 方程、带非局部抛物律的 Schrödinger 方程;第四章介绍了耦合试探方程法,并求解了耦合 Kaup-Boussinesq 方程组、耦合 Kaup-Boussinesq II 方程组;第五章介绍了变系数试探方程法,并求解了变系数广义 KdV-mKdV 组合方程.

本书第 1 章、第 3 章、第 4 章、第 5 章由东北石油大学李文赫编写,第 2 章由大庆油田有限责任公司采油工程研究院张春辉编写.本书编写过程中得到了石油工业出版社王宝刚编辑,东北石油大学尹洪军教授、李阳副教授,硕士研究生郑成功、李达的支持和帮助,在此表示感谢!

由于作者水平有限,书中难免有不足和疏漏之处,恳请广大读者批评指正.

目　录

1 多项式完全判别系统方法

本章首先介绍多项式完全判别系统的理论,然后利用多项式完全判别系统法求解流体力学中经常见到的带幂律的 BBMP 方程和 Drinfel'd-Sokolov-Wilson 方程组的精确解.

1.1 多项式完全判别系统

1996 年,由杨路、张景中等人建立的多项式完全判别系统,可以给出一组由多项式系数构成的显式表达式来判定多项式根的状况.

定义 1.1 多项式 $f(x) = a_0 x^n + a_1 x^{n-1} + \cdots + a_{n-1} x + a_0$ 的判别矩阵为 $C = (c_{ij})$,其中

$$c_{ij} = (n - \max(i,j)) a_i a_j - \sum_{p=-1}^{\min(i,j)-1} (i + j - 2p) a_p a_{i+j-p} \quad i,j = 0,1,2,\cdots,n-1,$$
$$(1-1)$$

且 $k<0$ 或 $k>n$ 时 $a_k = 0$.

引理 1.1 多项式 $f(x) = a_0 x^n + a_1 x^{n-1} + \cdots + a_{n-1} x + a_0$ 的判别序列为 $discr(f)$ 的各阶顺序主子式 $D_1, D_2, \cdots, D_n$.

定理 1.1 三阶多项式 $f_1(x) = x^3 + d_2 x^2 + d_1 x + d_0$ 的完全判别系统为

$$\begin{cases} \Delta = -27 \left(d_0 - \dfrac{d_1 d_2}{3} + \dfrac{2}{27} d_2^3 \right)^2 - 4 \left(d_1 - \dfrac{d_2^2}{3} \right), \\ D_1 = d_1 - \dfrac{d_2^2}{3}. \end{cases} \quad (1-2)$$

根据这一判别系统,三阶多项式的根的情况分四类:

(1)当 $\Delta = 0, D_1 < 0$ 时,$f_1(x)$ 有一个单实根和一个二重实根;

(2)当 $\Delta = 0, D_1 = 0$ 时,$f_1(x)$ 有一个三重实根;

(3)当 $\Delta > 0, D_1 < 0$ 时,$f_1(x)$ 有三个单实根;

(4)当 $\Delta < 0$ 时,$f_1(x)$ 有一个单实根和一对共轭虚根.

定理 1.2 四阶多项式 $f_2(x) = x^4 + px^2 + qx + r$ 的判别系统为

$$\begin{cases} D_1 = -4, \\ D_2 = -p, \\ D_3 = -2p^3 + 8pr - 9q^2, \\ D_4 = -p^3q^2 - \dfrac{27}{4}q^4 + 4p^4r + 36pq^2r - 32p^2r^2 + 64r^3, \\ E_2 = 9p^2 - 32pr. \end{cases} \quad (1\text{-}3)$$

据此判别系统该多项式的根的情况分为以下 9 类：

(1) 当 $D_2 < 0, D_3 = 0, D_4 = 0$ 时，$f_2(x)$ 有一对二重共轭虚根；

(2) 当 $D_2 = 0, D_3 = 0, D_4 = 0$ 时，$f_2(x)$ 有一个四重实根；

(3) 当 $D_2 > 0, D_3 = 0, D_4 = 0, E_2 > 0$ 时，$f_2(x)$ 有两个二重实根；

(4) 当 $D_2 > 0, D_3 > 0, D_4 = 0$ 时，$f_2(x)$ 有两个单实根和一个二重实根；

(5) 当 $D_2 > 0, D_3 = 0, D_4 = 0, E_2 = 0$ 时，$f_2(x)$ 有一个单实根和一个三重实根；

(6) 当 $D_2D_3 < 0, D_4 = 0$ 时，$f_2(x)$ 有一个二重实根和一对共轭虚根；

(7) 当 $D_2 > 0, D_3 > 0, D_4 > 0$ 时，$f_2(x)$ 有四个单实根；

(8) 当 $D_2D_3 \leq 0, D_4 < 0$ 时，$f_2(x)$ 有两个单实根和一对共轭虚根；

(9) 当 $D_2D_3 \leq 0, D_4 > 0$ 时，$f_2(x)$ 有两对共轭虚根.

定理 1.3 多项式 $f_3(x) = x^5 + px^3 + rx + s$ 的完全判别系统为

$$\begin{cases} D_2 = -p, \\ D_3 = 8rp - 12p^3, \\ D_4 = 12p^4r - 88p^2r^2 + 160r^3, \\ D_5 = 2000ps^2r^2 - 900rs^2p^3 + 16p^4r^3 \\ \qquad + 108p^5s^2 - 128p^2r^4 - 256r^5 + 3125s^4, \\ E_2 = 160p^3r^2 - 48rp^5 + 625s^2p^2, \\ F_2 = -8pr. \end{cases} \quad (1\text{-}4)$$

(1) 当 $D_5 = 0, D_4 = 0, D_3 > 0, E_2 \neq 0$ 时，$f_3(x)$ 有两个二重实根和一个单实根；

(2) 当 $D_5 = 0, D_4 = 0, D_3 = 0, D_2 = 0$ 时，$f_3(x)$ 有一个五重实根；

(3) 当 $D_5 = 0, D_4 = 0, D_3 > 0, E_2 = 0$ 时，$f_3(x)$ 有一个三重实根和两个单实根；

(4) 当 $D_5 = 0, D_4 = 0, D_3 < 0, E_2 \neq 0$ 时，$f_3(x)$ 有一对二重共轭虚根和一个单实根；

(5) 当 $D_5 = 0, D_4 > 0$ 时，$f_3(x)$ 有一个二重实根和三个单实根；

(6) 当 $D_5 = 0, D_4 = 0, D_3 < 0, E_2 = 0$ 时，$f_3(x)$ 有一个三重实根和一对共轭虚根；

(7) 当 $D_5 = 0, D_4 < 0$ 时，$f_3(x)$ 有一个二重实根、一个单实根和一对共轭虚根；

(8) 当 $D_5 > 0, D_4 > 0, D_3 > 0, D_2 > 0$ 时，$f_3(x)$ 有一个五重实根；

（9）当 $D_5 < 0$ 时，$f_3(x)$ 有三个单实根和一对共轭虚根；

（10）当 $D_5 > 0$ 或 $D_4 \leqslant 0, D_3 \leqslant 0, D_2 \leqslant 0$ 时，$f_3(x)$ 有一个单实根和两对共轭虚根；

（11）当 $D_5 = 0, D_4 = 0, D_3 = 0, D_2 \neq 0, F_2 \neq 0$ 时，$f_3(x)$ 有一个三重实根和一个二重实根；

（12）当 $D_5 = 0, D_4 = 0, D_3 = 0, D_2 \neq 0, F_2 = 0$ 时，$f_3(x)$ 有一个四重实根和一个单实根.

更高阶的多项式的完全判别系统请读者见参考文献.

1.2 带幂律的 BBMP 方程单行波解的分类

带幂律的 BBMP 方程为

$$u_t + au_x + bu^2 u_x + cu_{xxt} = 0, \tag{1-5}$$

做行波变换

$$u = u(\xi),$$
$$\xi = kx + \omega t,$$

则 $u_t = \omega u', u_x = ku', u_{xxt} = k^2 \omega u''',$

代入式 (1-5)，得

$$(\omega + ak)u' + bku'u^2 + ck^2 \omega u''' = 0, \tag{1-6}$$

两端对 ξ 积分，得

$$(\omega + ak)u + \frac{bk}{3}u^3 + ck^2 \omega u'' + c_1 = 0, \tag{1-7}$$

两端同乘 u'，得

$$(\omega + ak)u'u + \frac{bk}{3}u'u^3 + ck^2 \omega u'u'' + c_1 u' = 0, \tag{1-8}$$

两端对 ξ 积分，得

$$\frac{\omega + ak}{2}u^2 + \frac{bk}{12}u^4 + \frac{ck^2 \omega}{2}(u')^2 + c_1 u + c_2 = 0, \tag{1-9}$$

整理得

$$(u')^2 = A(u^4 + pu^2 + qu + r), \tag{1-10}$$

其中

$$A = -\frac{b}{6ck\omega},$$

3

$$p = \frac{6(\omega + ak)}{bk},$$

$$q = \frac{12c_1}{bk},$$

$$r = \frac{12c_2}{bk},$$

转化为初等积分,得

$$\pm \sqrt{\varepsilon A}\,(\xi - \xi_0) = \int \frac{\mathrm{d}u}{\sqrt{\varepsilon\,(u^4 + pu^2 + qu + r)}}, \qquad (1-11)$$

当 $A > 0, \varepsilon = 1; A < 0, \varepsilon = -1$.

令 $F(u) = u^4 + pu^2 + qu + r$,根据其完全判别系统,可得方程(1-5)的精确解:

情形 1 当 $D_2 < 0, D_3 = 0, D_4 = 0$ 时,$F(u) = [(u - l_1)^2 + s_1^2]^2$,其中 l_1, s_1 为实数且 $s_1 > 0$,当 $\varepsilon = 1$ 时,

$$u = s_1 \tan[s_1 \sqrt{A}\,(\xi - \xi_0)] + l_1. \qquad (1-12)$$

情形 2 当 $D_2 = 0, D_3 = 0, D_4 = 0$ 时,$F(u) = u^4$,当 $\varepsilon = 1$ 时,

$$u = -\frac{1}{\sqrt{A}\,(\xi - \xi_0)}. \qquad (1-13)$$

情形 3 当 $D_2 > 0, D_3 = 0, D_4 = 0, E_2 > 0$ 时,$F(u) = (u - \alpha)^2 (u - \beta)^2$,其中 α, β 为实数且 $\alpha > \beta$.

当 $\varepsilon = 1, u > \alpha$ 或 $u < \beta$ 时,

$$u = \frac{\beta - \alpha}{2} \left[\coth \frac{\beta - \alpha}{2} \sqrt{A}\,(\xi - \xi_0) - 1 \right] + \beta. \qquad (1-14)$$

当 $\varepsilon = 1, \alpha < u < \beta$ 时,

$$u = \frac{\beta - \alpha}{2} \left[\tanh \frac{\beta - \alpha}{2} \sqrt{A}\,(\xi - \xi_0) - 1 \right] + \beta. \qquad (1-15)$$

情形 4 当 $D_2 > 0, D_3 > 0, D_4 = 0$ 时,$F(u) = (u - \alpha)^2 (u - \beta)(u - \gamma)$,其中 α, β, γ 为实数且 $\beta > \gamma$.

当 $\varepsilon = 1, \alpha > \beta$ 且 $u > \beta$ 或 $\alpha < \gamma$ 或 $u < \gamma$ 时,

$$\pm \sqrt{A}\,(\xi - \xi_0) = \frac{1}{\sqrt{(\alpha - \beta)(\alpha - \gamma)}} \ln \frac{\left[\sqrt{(u - \beta)(\alpha - \gamma)} - \sqrt{(\alpha - \beta)(u - \gamma)}\,\right]^2}{|u - \alpha|}.$$

$$(1-16)$$

当 $\varepsilon=1, \alpha>\beta$ 且 $u<\gamma$ 或 $\alpha<\gamma$ 或 $u<\beta$ 时，

$$\pm\sqrt{A}\,(\xi-\xi_0)=\frac{1}{\sqrt{(\alpha-\beta)(\alpha-\gamma)}}\ln\frac{\left[\sqrt{(u-\beta)(\gamma-\alpha)}-\sqrt{(\beta-\alpha)(u-\gamma)}\,\right]^2}{|u-\alpha|}.$$

$$(1-17)$$

当 $\varepsilon=1, \beta>\alpha>\gamma$ 时，

$$\pm\sqrt{A}\,(\xi-\xi_0)=\frac{1}{\sqrt{(\beta-\alpha)(\alpha-\gamma)}}\arcsin\frac{(u-\beta)(\alpha-\gamma)+(\alpha-\beta)(u-\gamma)}{|(u-\alpha)(\beta-\gamma)|}. \quad (1-18)$$

当 $\varepsilon=-1, \alpha>\beta$ 且 $u>\beta$ 或 $\alpha<\gamma$ 或 $u<\gamma$ 时，

$$\pm\sqrt{-A}\,(\xi-\xi_0)=\frac{1}{\sqrt{(\alpha-\beta)(\alpha-\gamma)}}\ln\frac{\left[\sqrt{(u-\beta)(\alpha-\gamma)}-\sqrt{(\alpha-\beta)(u-\gamma)}\,\right]^2}{|u-\alpha|}.$$

$$(1-19)$$

当 $\varepsilon=-1, \alpha>\beta$ 且 $u<\gamma$ 或 $\alpha<\gamma$ 或 $u<\beta$ 时，

$$\pm\sqrt{-A}\,(\xi-\xi_0)=\frac{1}{\sqrt{(\alpha-\beta)(\alpha-\gamma)}}\ln\frac{\left[\sqrt{(u-\beta)(\gamma-\alpha)}-\sqrt{(\beta-\alpha)(u-\gamma)}\,\right]^2}{|u-\alpha|}.$$

$$(1-20)$$

当 $\varepsilon=-1, \beta>\alpha>\gamma$ 时，

$$\pm\sqrt{-A}\,(\xi-\xi_0)=\frac{1}{\sqrt{(\beta-\alpha)(\alpha-\gamma)}}\arcsin\frac{(u-\beta)(\alpha-\gamma)+(\alpha-\beta)(u-\gamma)}{|(u-\alpha)(\beta-\gamma)|}. \quad (1-21)$$

情形 5 当 $D_2>0, D_3=0, D_4=0, E_2=0$ 时，$F(u)=(u-\alpha)^3(u-\beta)$，其中 α,β 为实数.

当 $\varepsilon=1, u>\alpha$ 且 $u>\beta$ 或 $u<\alpha$ 且 $u<\beta$ 时，

$$u=\frac{4(\alpha-\beta)}{A(\alpha-\beta)^2(\xi-\xi_0)^2-4}+\alpha. \quad (1-22)$$

当 $\varepsilon=-1, u>\alpha$ 且 $u<\beta$ 或 $u<\alpha$ 且 $u>\beta$ 时，

$$u=\frac{4(\beta-\alpha)}{4-A(\alpha-\beta)^2(\xi-\xi_0)^2}+\alpha. \quad (1-23)$$

情形 6 当 $D_2D_3<0, D_4=0$ 时，$F(u)=(u-\alpha)^2\left[(u-l_1)^2+s_1^2\right]$，其中 α,l_1,s_1 为实数. 当 $\varepsilon=1$ 时，

$$u=\frac{\exp\left[\pm\sqrt{(\alpha-l_1)^2+s_1^2}\sqrt{A}\,(\xi-\xi_0)\right]-\gamma+\sqrt{(\alpha-l_1)^2+s_1^2}}{\left\{\exp\left[\pm\sqrt{(\alpha-l_1)^2+s_1^2}\sqrt{A}\,(\xi-\xi_0)\right]-\gamma\right\}^2-1}, \quad (1-24)$$

其中，$\gamma = \dfrac{\alpha - 2l_1}{\sqrt{(\alpha - l_1)^2 + s_1^2}}$.

情形 7 当 $D_2 > 0, D_3 > 0, D_4 > 0$ 时，$F(u) = (u - \alpha_1)(u - \alpha_2)(u - \alpha_3)(u - \alpha_4)$，其中 $\alpha_1, \alpha_2, \alpha_3, \alpha_4$ 为实数且 $\alpha_1 > \alpha_2 > \alpha_3 > \alpha_4$.

当 $\varepsilon = 1, u > \alpha_1$ 或 $u < \alpha_4$ 时，

$$u = \frac{\alpha_2(\alpha_1 - \alpha_4)\operatorname{sn}^2\left[\dfrac{\sqrt{(\alpha_1 - \alpha_3)(\alpha_2 - \alpha_4)}}{2}\sqrt{A}\,(\xi - \xi_0), m\right] - \alpha_1(\alpha_2 - \alpha_4)}{(\alpha_1 - \alpha_4)\operatorname{sn}^2\left[\dfrac{\sqrt{(\alpha_1 - \alpha_3)(\alpha_2 - \alpha_4)}}{2}\sqrt{A}\,(\xi - \xi_0), m\right] - (\alpha_2 - \alpha_4)}. \tag{1-25}$$

当 $\varepsilon = 1, \alpha_2 < u < \alpha_3$ 时，

$$u = \frac{\alpha_4(\alpha_1 - \alpha_4)\operatorname{sn}^2\left[\dfrac{\sqrt{(\alpha_1 - \alpha_3)(\alpha_2 - \alpha_4)}}{2}\sqrt{A}\,(\xi - \xi_0), m\right] - \alpha_3(\alpha_2 - \alpha_4)}{(\alpha_2 - \alpha_3)\operatorname{sn}^2\left[\dfrac{\sqrt{(\alpha_1 - \alpha_3)(\alpha_2 - \alpha_4)}}{2}\sqrt{A}\,(\xi - \xi_0), m\right] - (\alpha_2 - \alpha_4)}. \tag{1-26}$$

当 $\varepsilon = -1, \alpha_2 < u < \alpha_1$ 时，

$$u = \frac{\alpha_3(\alpha_1 - \alpha_2)\operatorname{sn}^2\left[\dfrac{\sqrt{(\alpha_1 - \alpha_3)(\alpha_2 - \alpha_4)}}{2}\sqrt{A}\,(\xi - \xi_0), m\right] - \alpha_2(\alpha_1 - \alpha_3)}{(\alpha_1 - \alpha_2)\operatorname{sn}^2\left[\dfrac{\sqrt{(\alpha_1 - \alpha_3)(\alpha_2 - \alpha_4)}}{2}\sqrt{A}\,(\xi - \xi_0), m\right] - (\alpha_1 - \alpha_3)}. \tag{1-27}$$

当 $\varepsilon = -1, \alpha_3 < u < \alpha_4$ 时，

$$u = \frac{\alpha_1(\alpha_3 - \alpha_4)\operatorname{sn}^2\left[\dfrac{\sqrt{(\alpha_1 - \alpha_3)(\alpha_2 - \alpha_4)}}{2}\sqrt{A}\,(\xi - \xi_0), m\right] - \alpha_4(\alpha_1 - \alpha_3)}{(\alpha_3 - \alpha_4)\operatorname{sn}^2\left[\dfrac{\sqrt{(\alpha_1 - \alpha_3)(\alpha_2 - \alpha_4)}}{2}\sqrt{A}\,(\xi - \xi_0), m\right] - (\alpha_3 - \alpha_1)}. \tag{1-28}$$

其中 $m^2 = \dfrac{(\alpha_1 - \alpha_2)(\alpha_3 - \alpha_4)}{(\alpha_1 - \alpha_3)(\alpha_2 - \alpha_4)}$.

情形 8 当 $D_2 D_3 \leqslant 0, D_4 < 0$ 时，$F(u) = (u - \alpha)(u - \beta)[(u - l_1)^2 + s_1^2]$，其中 α, β, l_1, s_1 为实数且 $\alpha > \beta, s_1 > 0$，

$$u = \frac{a_1 \operatorname{cn}\left[\dfrac{\sqrt{\mp 2 s_1 m_1 (\alpha - \beta)}}{2 m m_1}\sqrt{-A}\,(\xi - \xi_0), m\right] + b_1}{c_1 \operatorname{cn}\left[\dfrac{\sqrt{\mp 2 s_1 m_1 (\alpha - \beta)}}{2 m m_1}\sqrt{-A}\,(\xi - \xi_0), m\right] + d_1}, \tag{1-29}$$

6

其中

$$a_1 = \frac{1}{2}\left[(\alpha+\beta)c_1 - (\alpha-\beta)d_1\right],$$

$$b_1 = \frac{1}{2}\left[(\alpha+\beta)d_1 - (\alpha-\beta)c_1\right],$$

$$c_1 = a_1 - l_1 - \frac{s_1}{m_1},$$

$$d_1 = a_1 - l_1 - s_1 m_1,$$

$$E = \frac{s_1^2 + (\alpha-l_1)(\beta-l_1)}{s_1(\alpha-\beta)},$$

$$m_1 = E \pm \sqrt{E^2+1},$$

$$m^2 = \frac{1}{1+m_1^2},$$

取 m_1 满足 $\varepsilon m_1 < 0$.

情形 9 当 $D_2 D_3 \leqslant 0, D_4 > 0$ 时, $F(u) = \left[(u-l_1)^2 + s_1^2\right]\left[(u-l_2)^2 + s_2^2\right]$, 其中 l_1, l_2, s_1, s_2 为实数且 $s_1 > s_2 > 0$, 此时 $\varepsilon = 1$,

$$u = \frac{a_1 \mathrm{sn}\left[\eta\sqrt{A}(\xi-\xi_0),m\right] + b_1 \mathrm{cn}\left[\eta\sqrt{A}(\xi-\xi_0),m\right]}{c_1 \mathrm{sn}\left[\eta\sqrt{A}(\xi-\xi_0),m\right] + d_1 \mathrm{cn}\left[\eta\sqrt{A}(\xi-\xi_0),m\right]},$$

其中

$$c_1 = -s_1 - \frac{s_2}{m_1},$$

$$d_1 = l_1 - l_2,$$

$$a_1 = l_1 c_1 + s_1 d_1,$$

$$b_1 = l_1 d_1 - s_1 c_1,$$

$$E = \frac{s_1^2 + s_2^2 + (l_1-l_2)^2}{2 s_1 s_2},$$

$$m_1 = E + \sqrt{E^2-1},$$

$$m^2 = 1 - \frac{1}{m_1^2},$$

$$\eta = s_2 \sqrt{\frac{m_1^2 c^2 + d^2}{c^2 + d^2}}.$$

1.3　Drinfel′d–Sokolov–Wilson 方程组单行波解的分类

考虑 Drinfel′d–Sokolov–Wilson 方程组（DSWE）

$$\begin{cases} u_t+\alpha vv_x = 0, \\ v_t+\beta v_{xxx}+\gamma uv_x+\varepsilon u_x v = 0, \end{cases} \tag{1-30}$$

其中 $\alpha,\beta,\gamma,\varepsilon$ 是非零参数.该系统首先由 Drinfel′d、Sokolov 和 Wilson 提出,该方程组可以用很多方法求解,如 F-展开法、分解法、Tanh 法.下面,利用多项式完全判别系统的方法寻找它的精确解.

做行波变换 $u=u(\xi),v=v(\xi),\xi=kx+\omega t$ 可得

$$\begin{cases} \omega u'+\alpha vkv' = 0, \\ \omega v'+\beta k^3 v'''+\gamma ukv'+\varepsilon ku'v = 0. \end{cases} \tag{1-31}$$

积分方程(1-31)的第一个方程,得

$$u = \frac{1}{\omega}\left(c_1 - \frac{\alpha kv^2}{2}\right). \tag{1-32}$$

将式(1-32)代入式(1-31)的第二个方程中,得

$$\omega v' + \beta k^3 v''' + \frac{\gamma kc_1}{\omega}v' - \frac{\alpha kr}{2\omega}v^2 v' - \frac{\alpha\varepsilon k^2}{\omega}v^2 v' = 0, \tag{1-33}$$

将式(1-33)对 ξ 积分一次,得

$$v'' = \left(\frac{\alpha\gamma}{6\omega\beta k}+\frac{\alpha\varepsilon}{3\omega\beta k}\right)v^3 - \left(\frac{\gamma kc_1}{\omega\beta k^2}+\frac{\omega}{\beta k^3}\right)v+\frac{c_2}{\beta k^3}, \tag{1-34}$$

将式(1-34)转化成如下的初等积分的形式

$$\pm\sqrt{\varepsilon A(\xi - \xi_0)} = \int \frac{\mathrm{d}v}{\sqrt{\varepsilon F(v)}}, \tag{1-35}$$

其中 $F(v) = v^4+pv^2+qv+r$,

$$A = \frac{\alpha k+2\alpha\varepsilon}{3\omega\beta k},$$

$$p = -\frac{3\gamma k^2 c_1+3\omega^2}{\alpha k^3+2\alpha\varepsilon k^2},$$

8

$$q = \frac{6\omega c_2}{\alpha k^2 + 2\alpha \varepsilon k},$$

$$r = \frac{6\omega \beta k c_3}{\alpha k + 2\alpha \varepsilon},$$

当 $A>0, \varepsilon = 1; A<0, \varepsilon = -1$.

情形 1 当 $D_2 < 0, D_3 = 0, D_4 = 0$ 时,则

$$F(v) = \left[(\omega - l_1)^2 + s_1^2 \right]^2,$$

其中 l_1, s_1 是实数, $s_1 > 0$,此时 $\varepsilon = 1$,方程(1-30)的解为

$$v = s_1 \tan \left[s_1 \sqrt{A} (\xi - \xi_0) \right] + l_1. \tag{1-36}$$

情形 2 当 $D_2 = 0, D_3 = 0, D_4 = 0$ 时,则 $F(v) = v^4$,此时 $\varepsilon = 1$,方程(1-30)的解为

$$v = -\left[\sqrt{A} (\xi - \xi_0) \right]^{-1}. \tag{1-37}$$

情形 3 当 $D_2 > 0, D_3 = 0, D_4 = 0, E_2 > 0$ 时,则

$$F(v) = (v - \alpha)^2 (v - \beta)^2,$$

其中 α, β 是实数, $\alpha > \beta$.

当 $\varepsilon = 1, v > \alpha$ 或 $v < \beta$,方程(1-30)的解为

$$v = \frac{\beta - \alpha}{2} \left[\coth \frac{\beta - \alpha}{2} \sqrt{A} (\xi - \xi_0) - 1 \right] + \beta. \tag{1-38}$$

当 $\varepsilon = 1, \beta < v < \alpha$,方程(1-30)的解为

$$v = \frac{\beta - \alpha}{2} \left[\tanh \frac{\beta - \alpha}{2} \sqrt{A} (\xi - \xi_0) - 1 \right] + \beta. \tag{1-39}$$

情形 4 当 $D_2 > 0, D_3 > 0, D_4 = 0$ 时,则

$$F(v) = (v - \alpha)^2 (v - \beta)(v - \gamma),$$

其中 α, β, γ 是实数, $\beta > \gamma$.

当 $\varepsilon = 1, \alpha > \beta$ 且 $v > \beta$ 或 $\alpha < \gamma$ 且 $v < \gamma$,方程(1-30)的解为

$$\pm \sqrt{A} (\xi - \xi_0) = \frac{2}{\sqrt{\lambda}} \ln \left| \frac{\sqrt{\delta} - \sqrt{\varphi}}{v - \alpha} \right|. \tag{1-40}$$

当 $\varepsilon = 1, \beta > \alpha > v$,方程(1-30)的解为

$$\pm\sqrt{A}(\xi-\xi_0)=\frac{2}{\sqrt{\lambda}}\ln\left|\frac{\sqrt{-\delta}-\sqrt{-\varphi}}{v-\alpha}\right|. \tag{1-41}$$

当 $\varepsilon=1$，$\alpha>\beta$ 且 $v<\gamma$ 或 $\alpha<\gamma$ 且 $v<\beta$，方程(1-30)的解为

$$\pm\sqrt{A}(\xi-\xi_0)=\frac{1}{\sqrt{-\lambda}}\arcsin\frac{\delta+\varphi}{|(u-\alpha)(\beta-\gamma)|}. \tag{1-42}$$

当 $\varepsilon=-1$，$\alpha>\beta$ 且 $v<\beta$ 或 $\alpha<\gamma$ 且 $v<\gamma$，方程(1-30)的解为

$$\pm\sqrt{-A}(\xi-\xi_0)=\frac{2}{\sqrt{\lambda}}\ln\left|\frac{\sqrt{\delta}-\sqrt{-\varphi}}{v-\alpha}\right|. \tag{1-43}$$

当 $\varepsilon=-1$，$\alpha>\beta$ 且 $v<\gamma$ 或 $\alpha<\gamma$ 且 $v<\beta$，方程(1-30)的解为

$$\pm\sqrt{-A}(\xi-\xi_0)=\frac{2}{\sqrt{\lambda}}\ln\left|\frac{\sqrt{-\delta}-\sqrt{-\varphi}}{v-\alpha}\right|. \tag{1-44}$$

当 $\varepsilon=-1$，$\beta>\alpha>\gamma$，方程(1-30)的解为

$$\sqrt{-A}(\xi-\xi_0)=\frac{1}{\sqrt{-\lambda}}\arcsin\frac{\delta+\varphi}{|(u-\alpha)(\beta-\gamma)|}. \tag{1-45}$$

其中

$$\begin{cases} \delta=(u-\beta)(\alpha-\gamma), \\ \varphi=(\alpha-\beta)(u-\gamma), \\ \lambda=(\alpha-\beta)(\alpha-\gamma). \end{cases}$$

情形 5 当 $D_2>0, D_3=0, D_4=0, E_2=0$ 时，有

$$F(v)=(v-\alpha)^3(v-\beta),$$

其中 α, β 是实数.

当 $\varepsilon=1$，$v>\alpha$ 且 $v>\beta$ 或 $v<\alpha$ 且 $v<\beta$，方程(1-30)的解为

$$v=\frac{4(\alpha-\beta)}{A(\alpha-\beta)^2(\xi-\xi_0)^2-4}+\alpha. \tag{1-46}$$

当 $\varepsilon=-1$，$v>\alpha$ 且 $v>\beta$ 或 $v<\alpha$ 且 $v<\beta$，方程(1-30)的解为

$$v=\frac{4(\alpha-\beta)}{-A(\alpha-\beta)^2(\xi-\xi_0)^2-4}+\alpha. \tag{1-47}$$

情形 6 当 $D_2D_3<0, D_4=0$ 时，$F(v)=(v-\alpha)^2[(v-l_1)^2+s_1^2]$，此时 $\varepsilon=1$，方程 (1-30)的解为

$$v = \frac{e^{\pm\delta\sqrt{A}(\xi-\xi_0)} - \gamma + \delta(2-\gamma)}{[e^{\pm\delta\sqrt{A}(\xi-\xi_0)} - \gamma]^2 - 1}, \qquad (1-48)$$

其中

$$\delta = \sqrt{(\alpha-l)^2 + s^2},$$

$$\gamma = \frac{\alpha - 2l}{\sqrt{(\alpha-l)^2 + s^2}}.$$

情形 7 当 $D_2 D_3 \leqslant 0, D_4 < 0$ 时，有

$$F(v) = (v-\alpha)(v-\beta)[(v-l_1)^2 + s_1^2],$$

其中 $\alpha > \beta$ 是实数，$l_1 > 0, s_1 > 0$。方程(1-30)的解为

$$v = \frac{a_1 \mathrm{cn}[\delta\sqrt{-A}(\xi-\xi_0), m] + b_1}{c_1 \mathrm{cn}[\delta\sqrt{-A}(\xi-\xi_0), m] + d_1}, \qquad (1-49)$$

其中

$$\begin{cases} a = \dfrac{1}{2}(\alpha+\beta)c - \dfrac{1}{2}(\alpha-\beta)d, \\[2mm] b = \dfrac{1}{2}(\alpha+\beta)d - \dfrac{1}{2}(\alpha-\beta)c, \\[2mm] c = \alpha - l_1 - \dfrac{s_1}{m_1}, \\[2mm] d = \alpha - l_1 - s_1 m_1, \\[2mm] E = \dfrac{s_1^2 + (\alpha-l_1)(\beta-l_1)}{(\alpha-\beta)}, \\[2mm] m_1 = E + \sqrt{E^2 + 1}, \\[2mm] m^2 = \dfrac{1}{1 + m_1^2}, \\[2mm] \delta = \dfrac{\sqrt{\mp 2 s_1 m_1 (\alpha-\beta)}}{2 m m_1}, \end{cases}$$

而 m_1 满足 $\varepsilon m_1 < 0$。

情形 8 当 $D_2 > 0, D_3 > 0, D_4 > 0$ 时，有

$$F(v) = (v-\alpha_1)(v-\alpha_2)(v-\alpha_3)(v-\alpha_4),$$

其中 $\alpha_1 > \alpha_2 > \alpha_3 > \alpha_4$ 是实数。

当 $\varepsilon=1, v>\alpha_1$ 或 $v<\alpha_4$，方程(1-30)的解为

$$v=\frac{\alpha_2(\alpha_1-\alpha_4)\operatorname{sn}^2[\delta\sqrt{A}(\xi-\xi_0),m]-\alpha_1(\alpha_2-\alpha_4)}{(\alpha_1-\alpha_4)\operatorname{sn}^2[\delta\sqrt{A}(\xi-\xi_0),m]-(\alpha_2-\alpha_4)}. \tag{1-50}$$

当 $\varepsilon=1, \alpha_3<v<\alpha_2$ 或 $v<\alpha_4$，方程(1-30)的解为

$$v=\frac{\alpha_4(\alpha_1-\alpha_4)\operatorname{sn}^2[\delta\sqrt{A}(\xi-\xi_0),m]-\alpha_3(\alpha_2-\alpha_4)}{(\alpha_2-\alpha_3)\operatorname{sn}^2[\delta\sqrt{A}(\xi-\xi_0),m]-(\alpha_2-\alpha_4)}. \tag{1-51}$$

当 $\varepsilon=-1, \alpha_2<v<\alpha_1$，方程(1-30)的解为

$$v=\frac{\alpha_3(\alpha_1-\alpha_2)\operatorname{sn}^2[\delta\sqrt{A}(\xi-\xi_0),m]-\alpha_2(\alpha_1-\alpha_3)}{(\alpha_1-\alpha_2)\operatorname{sn}^2[\delta\sqrt{A}(\xi-\xi_0),m]-(\alpha_1-\alpha_3)}. \tag{1-52}$$

当 $\varepsilon=-1, \alpha_4<v<\alpha_3$，方程(1-30)的解为

$$v=\frac{\alpha_1(\alpha_3-\alpha_4)\operatorname{sn}^2[\delta\sqrt{A}(\xi-\xi_0),m]-\alpha_4(\alpha_1-\alpha_3)}{(\alpha_3-\alpha_4)\operatorname{sn}^2[\delta\sqrt{A}(\xi-\xi_0),m]-(\alpha_3-\alpha_1)}, \tag{1-53}$$

其中

$$m^2=\frac{(\alpha_1-\alpha_2)(\alpha_3-\alpha_4)}{(\alpha_1-\alpha_3)(\alpha_2-\alpha_4)},$$

$$\delta=\frac{\sqrt{(\alpha_1-\alpha_3)(\alpha_2-\alpha_4)}}{2}.$$

情形 9 当 $D_2D_3\leqslant 0, D_4>0$ 时，有

$$F(v)=[(v-l_1)^2+s_1^2][(v-l_2)^2+s_2^2],$$

其中 l_1, l_2, s_1, s_2 是实数，$s_1\geqslant s_2>0$，此时 $\varepsilon=1$. 方程(1-30)的解为

$$v=\frac{a\operatorname{sn}(\eta\sqrt{A}(\xi-\xi_0),m)+b\operatorname{cn}(\eta\sqrt{A}(\xi-\xi_0),m)}{c\operatorname{sn}(\eta\sqrt{A}(\xi-\xi_0),m)+d\operatorname{cn}(\eta\sqrt{A}(\xi-\xi_0),m)}, \tag{1-54}$$

其中

$$\begin{cases}a=l_1c+s_1d,\\ b=l_1d-s_1c,\\ c=-s_1-\dfrac{s_2}{m_1},\\ d=l_1-l_2,\end{cases}$$

12

$$\begin{cases} E = \dfrac{(l_1 - l_2) + s_1^2 + s_2^2}{2s_1 s_2}, \\[2mm] m_1 = E + \sqrt{E^2 + 1}, \\[2mm] m^2 = 1 - \dfrac{1}{m_1^2}, \\[2mm] \eta = s_2 \sqrt{\dfrac{m_1^2 c^2 + d^2}{c^2 + d^2}}. \end{cases}$$

说明 这里只求出了 v 的表达式，u 的表达式可由方程(1-32)求出.

2 一般试探方程法及其应用

本章首先介绍试探方程法的原理、步骤和应用范围,然后利用该方法求解流体力学中的五阶 Caudrey-Dodd-Gibbon 方程和 (2+1) 维 Kadomtsov-Petviashvili-Benjamin-Bona-Mahony (KP-BBM) 方程的精确解.

2.1 试探方程法

如果一个微分方程能够直接化成积分形式,就可以通过积分把解写出来.如果不能直接化成积分形式,那么就把高阶非线性微分算子进行分解,找到其可积分的因子方程,利用积分求解.对于第一种情形,例如,当积分形式如下:

$$\int \frac{\mathrm{d}u}{\sqrt{f(u)}} = x, \tag{2-1}$$

其中 $f(x) = a_0 x^n + a_1 x^{n-1} + \cdots + a_{n-1} x + a_n$ 是多项式,要解这个积分,刘成仕洞察到这个积分的解依赖于多项式根的情况,于是首次把多项式完全判别系统引入到可积系统领域,开创了非线性发展方程单行波解分类这一方向,系统地建立了许多重要的数学物理方程单行波解完整分类的结果.多项式完全判别系统是代数几何中一项重要的成果,由杨路等于 1996 年建立起来的,主要用于数学机械化领域.刘成仕第一次把这一工具引入微分方程求解领域,提出了求微分方程精确解的多项式完全判别系统方法.

对于那些不能直接归结为初等积分形式的方程,如果该方程精确解存在,那么就应该满足一个可积分的因子方程.这个因子方程最直接的就是 $u' = G(u)H(x)$ 的形式,其中 G 和 H 是两个待定的函数.一般来说,如果微分方程不显含自变量 x,则一般可以假设 H 是常数 1,特别是当微分方程是 u 及其导数的代数函数时,可以假设 G 是一个有理函数或者有理函数的根式.于是需要确定的就是有理函数分子和分母的次数以及系数,还有根式的次数.这些未知量可以通过将因子方程代入到目标方程中,令相应的 u 的恒等式的系数全为零,建立一个非线性代数方程组,解这个方程组而得到.于是高阶微分方程的精确解就可以通过解因子方程获得,这就是试探方程法的基本思想.在求解因子方程的时候,再利用完全判别系统方法.国际上许多学者利用和发展这一方法获得了大量的非线性数学物理方程丰富的精确解.

最基本的试探方程法的过程如下:

首先,对于高阶非线性发展方程

$$N(u, \partial u, \partial^2 u, \cdots, \partial^l u) = 0, \tag{2-2}$$

其中 u 是自变量 x, t 的函数,$\partial^j u(j=1, 2, \cdots, l)$,表示 u 对自变量 x, t 的所有 j 阶偏导数,做行波变换 $u=u(\xi), \xi=k(x-ct)$,其中 k 为波长,c 为波速,得如下的 l 阶非线性常系数常微分方程

$$M(u, u', u'', \cdots, u^{(l)}) = 0. \tag{2-3}$$

若这个方程不能直接积分,则取试探方程

$$u'' = \sum_{i=1}^{m} a_i u^i, \tag{2-4}$$

两边积分,得

$$\frac{1}{2}(u')^2 = F(u) = \sum_{i=1}^{m} \frac{a_i}{i+1} u^{i+1} + C, \tag{2-5}$$

其中 $a_i(i=1, 2, \cdots, m)$,C 均为常数.将方程(2-4)代入方程(2-3)中,得到一个多项式 $G(u)$,根据平衡原则,确定 m 的值.令 $G(u)$ 的系数全为零,得到一个代数方程组,解这个方程组可确定系数 $a_i(i=1, 2, \cdots, m)$ 的值.

最后,将因子方程(2-5)化为积分形式

$$\pm(\xi - \xi_0) = \int \frac{\mathrm{d}u}{\sqrt{F(u)}}, \tag{2-6}$$

利用多项式完全判别系统对 $F(u)$ 根的情况进行分类,由此解出积分(2-6),进而得到方程(2-2)的精确行波解.

下面举一个简单的例子来说明试探方程法.考虑对称正则长波方程

$$u_{tt} + \alpha_0 u_{xx} + \beta_0 (u^2)_{xt} + \gamma_0 u_{xxtt} = 0, \tag{2-7}$$

做行波变换

$$u = u(\xi_1), \xi_1 = kx + \omega t,$$

代入式(2-7),得

$$\omega^2 u'' + \alpha_0 k^2 u'' + 2k\beta_0 \omega [(u')^2 + u u''] + \gamma_0 k^2 \omega^2 u^{(4)} = 0. \tag{2-8}$$

这是一个四阶非线性常微分方程,不能将其直接积分,没有传统的方法求出其精确解.从理论上也难以判断该方程是否存在初等函数或者椭圆函数表示的精确解,这里利用试探方程法可以获得一系列精确解.

取试探方程 $u'' = F(u)$,其中 $F(u)$ 为 m 阶多项式,则 $(u')^2$ 为 $m+1$ 阶多项式,

$u^{(4)} = F''(u)(u')^2 + F'(u)u''$ 为 $2m-1$ 阶多项式，根据平衡原则 $m+1 = 2m-1$，所以试探方程应取如下形式

$$u'' = Au^2 + Bu + D,\qquad(2-9)$$

对式(2-9)两边积分，得

$$(u')^2 = \frac{2}{3}Au^3 + Bu^2 + 2Du + E.\qquad(2-10)$$

由式(2-9)和式(2-10)知

$$u^{(4)} = \frac{10}{3}A^2u^3 + 5ABu^2 + (6AD+B^2)u + 2AE + BD,\qquad(2-11)$$

将式(2-9)至式(2-11)代回式(2-8)，得

$$r_3u^3 + r_2u^2 + r_1u + r_0 = 0,\qquad(2-12)$$

其中

$$\begin{cases} r_3 = \dfrac{10}{3}Ak\beta_0\omega + \dfrac{10}{3}\gamma_0k^2\omega^2A^2, \\[2mm] r_2 = A(\omega^2+\alpha_0k^2) + 4Bk\beta_0\omega + 5\gamma_0k^2\omega^2AB, \\[2mm] r_1 = B(\omega^2+\alpha_0k^2) + 6Dk\beta_0\omega + \gamma_0k^2\omega^2(6AD+B^2), \\[2mm] r_0 = D(\omega^2+\alpha_0k^2) + 2Ek\beta_0\omega + \gamma_0k^2\omega^2(2AE+BD), \end{cases}$$

令 $r_3 = r_2 = r_1 = r_0 = 0$，得

$$A = -\beta_0/(rk\omega),\ B = -(\omega^2+\alpha_0k^2)/(\gamma_0k^2\omega^2),$$

$D = 0$，E 为任意常数.

令 $w = \left(\dfrac{2}{3}A\right)^{-\frac{1}{3}}u,\ \xi = \left(\dfrac{2}{3}A\right)^{\frac{1}{3}}\xi_1$，则式(2-10)变为

$$(w_\xi)^2 = w^3 + b_2w^2 + b_0,\qquad(2-13)$$

其中 $b_2 = \left(\dfrac{2}{3}A\right)^{-\frac{2}{3}}B,\ b_0 = E$.这就获得了四阶非线性微分方程的可积因子方程.

令 $F(w) = w^3 + b_2w^2 + b_0$，这一三阶多项式的完全判别系统为

$$\Delta = -4b_2^3b_0 - 27b_0^2 = -9A^{-2}B^3 - 27E^2,$$

$$D = -\frac{1}{3}b_2^2 = -\frac{1}{3}\left(\frac{2}{3}A\right)^{-\frac{4}{3}}B^2.\qquad(2-14)$$

分以下三种情形给出原方程的精确解.

情形 1 $\Delta = 0, D < 0$，此时 $F(w) = 0$ 有 1 个二重实根和 1 个单实根，设为 $F(w) = (w-\alpha)^2(w-\beta)$，则易知 $\alpha = -2\left(\dfrac{b_0}{4}\right)^{1/3}$，$\beta = -\left(\dfrac{b_0}{4}\right)^{1/3}$．若 $w > \beta$，则式 (2-14) 的解为：

当 $w > \alpha > \beta$ 时，

$$u = \left(\frac{2}{3}A\right)^{1/3}\left\{-6\left(\frac{b_0}{4}\right)^{1/3}\tanh^2\left[\frac{\sqrt{6}}{2}\left(\frac{b_0}{4}\right)^{1/6}\left(\frac{2}{3}A\right)^{-1/3}(\xi-\xi_0)\right] + 4\left(\frac{b_0}{4}\right)^{1/3}\right\}. \tag{2-15}$$

当 $\alpha > w > \beta$ 时，

$$u = \left(\frac{2}{3}A\right)^{1/3}\left\{-6\left(\frac{b_0}{4}\right)^{1/3}\coth^2\left[\frac{\sqrt{6}}{2}\left(\frac{b_0}{4}\right)^{1/6}\left(\frac{2}{3}A\right)^{-1/3}(\xi-\xi_0)\right] + 4\left(\frac{b_0}{4}\right)^{1/3}\right\}. \tag{2-16}$$

当 $\alpha < \beta < w$ 时，

$$u = \left(\frac{2}{3}A\right)^{1/3}\left\{6\left(\frac{b_0}{4}\right)^{1/3}\sec^2\left[\frac{\sqrt{6}}{2}\left(\frac{b_0}{4}\right)^{1/6}\left(\frac{2}{3}A\right)^{-1/3}(\xi-\xi_0)\right] - 2\left(\frac{b_0}{4}\right)^{1/3}\right\}. \tag{2-17}$$

情形 2 $\Delta > 0, D < 0$ 此时 $F(w) = 0$ 有 3 个不同的实根 $\alpha < \beta < \gamma$．

当 $\alpha < w < \beta$ 时，式 (2-14) 的解为

$$u = \left(\frac{2}{3}A\right)^{1/3}\alpha + \left(\frac{2}{3}A\right)^{1/3}(\beta-\alpha)\,\mathrm{sn}^2\left[\frac{\sqrt{\gamma-\alpha}}{2}\left(\frac{2}{3}A\right)^{-1/3}(\xi-\xi_0),m\right], \tag{2-18}$$

其中

$$m = \sqrt{\frac{\beta-\alpha}{\gamma-\alpha}}.$$

当 $w > \gamma$ 时，式 (2-14) 的解为

$$u = \left(\frac{2}{3}A\right)^{1/3}\frac{-\beta\,\mathrm{sn}\left[\dfrac{\sqrt{\gamma-\alpha}}{2}\left(\dfrac{2}{3}A\right)^{-1/3}(\xi-\xi_0),m\right] + \gamma}{\mathrm{cn}\left[\dfrac{\sqrt{\gamma-\alpha}}{2}\left(\dfrac{2}{3}A\right)^{-1/3}(\xi-\xi_0),m\right]}, \tag{2-19}$$

其中

$$m = \sqrt{\frac{\beta-\alpha}{\gamma-\alpha}}.$$

情形 3 $\Delta < 0$ 此时 $F(w) = 0$ 仅有 1 个实根，令 $F(w) = (w-\alpha)(w^2+pw+q)$，其

中 $p^2-4q<0$，当 $w>\alpha$ 时，式（2-14）的解为

$$u=\left(\frac{2}{3}A\right)^{1/3}\left\{\alpha+\frac{2\sqrt{\alpha^2+p\alpha+q}}{1+\text{cn}\left[\sqrt[4]{\alpha^2+p\alpha+q}\left(\frac{2}{3}A\right)^{-1/3}(\xi_1-\xi_0),m\right]}\sqrt{\alpha^2+p\alpha+q}\right\},$$

（2-20）

其中

$$m=\frac{1}{\sqrt{2}}\sqrt{1-\left(\alpha+\frac{p}{2}\right)/\sqrt{\alpha^2+p\alpha+q}}.$$

这些解包括了有理解函数解、三角函数解、孤立波解、双周期椭圆函数解. 由这一简单的例子可以看到试探方程的强大之处，其出发点是非线性算子的分解，因子方程的形式可以根据方程本身的结构推导出来，这就将高阶非线性微分方程精确解的求解建立在严格的数学理论上，并形成系统化的求解方法.

在上面求解过程中用到了椭圆函数，给出其定义：

第一类 Legendre 椭圆函数

$$F(\varphi,k)=\int_0^{\sin\varphi}\frac{\mathrm{d}t}{\sqrt{(1-t^2)(1-k^2t^2)}}=\int_0^\varphi\frac{\mathrm{d}\theta}{\sqrt{1-k^2\sin^2\theta}}(0<k<1). \quad (2-21)$$

第二类 Legendre 椭圆函数

$$E(\varphi,k)=\int_0^{\sin\varphi}\sqrt{\frac{1-k^2t^2}{1-t^2}}\mathrm{d}t=\int_0^\varphi\sqrt{1-k^2\sin^2\theta}\,\mathrm{d}\theta(0<k<1). \quad (2-22)$$

第三类 Legendre 椭圆函数

$$\Pi(\varphi,h,k)=\int_0^{\sin\varphi}\frac{\mathrm{d}t}{(1+ht^2)\sqrt{(1-t^2)(1-k^2t^2)}}=\int_0^\varphi\frac{\mathrm{d}\theta}{(1+h\sin^2\theta)\sqrt{1-k^2\sin^2\theta}}.$$

（2-23）

对于第一类 Legendre 椭圆函数

$$u=\int_0^\varphi\frac{\mathrm{d}\theta}{\sqrt{1-k^2\sin^2\theta}}, \quad (2-24)$$

将 φ 看作 u 的函数，分别称

$$\text{sn}(u,k)=\sin\varphi, \quad (2-25)$$

$$\text{cn}(u,k)=\cos\varphi, \quad (2-26)$$

为 Jacobi 椭圆正弦函数和 Jacobi 椭圆余弦函数.

尽管试探方程法已经被广泛地应用和发展,但是依然存在很多来源于实际的物理问题未能解决,如光学以及流体力学等领域的非线性发展方程,用已经存在的试探方程法无法求解它们.本书的主要工作就是发展试探方程法,将其推广到复微分方程,微分方程组以及变系数微分方程情况,以此建立 7 个流体力学方程的因子分解,进而得到它们的一系列精确解.

2.2 五阶 CDG 方程的精确解

五阶 Caudrey-Dodd-Gibbon(CDG)方程的形式为

$$u_t+30u_xu_{xx}+30uu_{xxx}+180u^2u_x+u_{xxxx}=0. \tag{2-27}$$

Wazwaz 在 2006 年利用 tanh 方法导出了显式行波解,2008 年利用 Hirota 直接法计算了其行波解,Hereman 导出了多重孤子解.

做行波变换 $u=u(\xi_1)$, $\xi_1=kx+\omega t$,得

$$\omega u'+30k^3u'u''+30k^3uu'''+180ku^2u'+k^5u^{(5)}=0. \tag{2-28}$$

方程(2-28)对 ξ_1 积分一次并令积分常数为 0,得

$$\omega u+30k^3uu''+60ku^3+k^5u^{(4)}=0. \tag{2-29}$$

取试探方程

$$u''=a_0+a_1u+a_2u^2, \tag{2-30}$$

将式(2-30)积分,得

$$(u')^2=\frac{2}{3}a_2u^3+a_1u^2+2a_0u+d, \tag{2-31}$$

其中 a_0, a_1, a_2 和积分常数 d 都是待定的.由方程(3-4)和方程(3-5),得

$$u^{(4)}=\frac{10}{3}a_2^2u^3+5a_1a_2u^2+(6a_0a_2+a_1^2)u+a_0a_1+2a_2d. \tag{2-32}$$

将方程(2-30)至方程(2-32)代入方程(2-29),得

$$r_3u^3+r_2u^2+r_1u+r_0=0, \tag{2-33}$$

其中

$$r_0=k^5a_0a_1+2k^5a_2d, \tag{2-34}$$

$$r_1=\omega+30k^3a_0+k^5(6a_0a_2+a_1^2), \tag{2-35}$$

$$r_2 = 30k^3 a_1 + 5k^5 a_1 a_2, \tag{2-36}$$

$$r_3 = 30k^3 a_2 + 60k + \frac{10}{3}k^5 a_2^2. \tag{2-37}$$

令 $r_i = 0 (i = 0, 1, 2, 3)$,可得 a_0, a_1, a_2, d 的如下两组解

$$\begin{cases} a_0 = -\dfrac{\omega}{12k^3}, \\ a_1 = 0, \\ a_2 = -\dfrac{3}{k^2}, \\ d = 0, \end{cases} \tag{2-38}$$

$$\begin{cases} a_0 = \dfrac{\omega + k^5 a_1^2}{6k^3}, \\ a_1 = a_1, \\ a_2 = -\dfrac{6}{k^2}, \\ d = \dfrac{(\omega + k^5 a_1^2) a_1}{72k}, \end{cases} \tag{2-39}$$

其中 a_1 是任意常数.

当满足上述条件时,使用三阶多项式的完全判别系统进行求解.令

$$v = \left(\frac{2}{3}a_2\right)^{\frac{1}{3}} u, \xi = \left(\frac{2}{3}a_2\right)^{\frac{1}{3}} \xi_1, d_2 = a_1 \left(\frac{2}{3}a_2\right)^{-\frac{2}{3}}, d_1 = 2a_0 \left(\frac{2}{3}a_2\right)^{-\frac{1}{3}}, d_0 = d.$$
$$\tag{2-40}$$

方程(2-31)化为

$$(v')^2 = v^3 + d_2 v^2 + d_1 v + d_0, \tag{2-41}$$

其中 v 是 ξ 的函数.将方程(2-41)转化为初等积分的形式如下

$$\pm(\xi - \xi_0) = \int \frac{\mathrm{d}v}{\sqrt{v^3 + d_2 v^2 + d_1 v + d_0}}. \tag{2-42}$$

定义

$$F(v) = v^3 + d_2 v^2 + d_1 v + d_0, \tag{2-43}$$

$$\Delta = -27\left(\frac{2d_2^3}{27} + d_0 - \frac{d_1 d_3}{3}\right)^2 - 4(d_1 - d_2^2)^3, D_1 = d_1 - \frac{d_2^2}{3}, \tag{2-44}$$

根据多项式完全判别系统,给出式(2-27)的相应单行波解.

情形 1 当 $\Delta=0, D_1<0, F(v)=0$ 有 1 个二重实根和 1 个单根

$$F(v)=(v-\lambda_1)^2(v-\lambda_2),\lambda_1\neq\lambda_2. \tag{2-45}$$

当 $v>\lambda_2$,方程(2-27)的解为

$$u_1=\left(\frac{2}{3}a_2\right)^{-\frac{1}{3}}\left\{(\lambda_1-\lambda_2)\tanh^2\left[\frac{\sqrt{\lambda_1-\lambda_2}}{2}\left(\frac{2}{3}a_2\right)^{\frac{1}{3}}(kx+\omega t-\xi_0)\right]+\lambda_2\right\},(\lambda_1>\lambda_2), \tag{2-46}$$

$$u_2=\left(\frac{2}{3}a_2\right)^{-\frac{1}{3}}\left\{(\lambda_1-\lambda_2)\coth^2\left[\frac{\sqrt{\lambda_1-\lambda_2}}{2}\left(\frac{2}{3}a_2\right)^{\frac{1}{3}}(kx+\omega t-\xi_0)\right]+\lambda_2\right\},(\lambda_1>\lambda_2), \tag{2-47}$$

$$u_3=\left(\frac{2}{3}a_2\right)^{-\frac{1}{3}}\left\{(-\lambda_1+\lambda_2)\sec^2\left[\frac{\sqrt{-\lambda_1+\lambda_2}}{2}\left(\frac{2}{3}a_2\right)^{\frac{1}{3}}(kx+\omega t-\xi_0)\right]+\lambda_1\right\},(\lambda_1<\lambda_2), \tag{2-48}$$

情形 2 当 $\Delta=0, D_1=0, F(v)=0$ 有 1 个三重实根

$$F(v)=(v-\lambda)^3, \tag{2-49}$$

方程(2-27)的解为

$$u_4=4\left(\frac{2}{3}a_2\right)^{-\frac{2}{3}}(kx+\omega t-\xi_0)^{-2}+\lambda. \tag{2-50}$$

情形 3 当 $\Delta>0, D_1<0, F(v)=0$ 有 3 个不等实根

$$F(v)=(v-\lambda_1)(v-\lambda_2)(v-\lambda_3),\lambda_1<\lambda_2<\lambda_3, \tag{2-51}$$

当 $\lambda_1<v<\lambda_2$,做变换

$$v=\lambda_1+(\lambda_2-\lambda_1)\sin^2\phi, \tag{2-52}$$

可得

$$\pm(\xi-\xi_0)=\int\frac{\mathrm{d}v}{\sqrt{F(v)}}=\frac{2}{\sqrt{\lambda_3-\lambda_1}}\int\frac{\mathrm{d}\phi}{\sqrt{1-m^2\sin^2\phi}}, \tag{2-53}$$

其中 $m^2=\dfrac{\lambda_2-\lambda_1}{\lambda_3-\lambda_1}$. 根据椭圆函数的定义,有

$$v=\lambda_1+(\lambda_2-\lambda_1)\mathrm{sn}^2\left[\frac{\sqrt{\lambda_3-\lambda_1}}{2}(\xi_1-\xi_0),m\right] \tag{2-54}$$

方程(2-27)的解为

$$u_5 = \left(\frac{2}{3}a_2\right)^{-\frac{1}{3}}\left\{\lambda_1 + (\lambda_2-\lambda_1)\,\mathrm{sn}^2\left[\frac{\sqrt{\lambda_3-\lambda_1}}{2}\left(\frac{2}{3}a_2\right)^{\frac{1}{3}}(kx+\omega t-\xi_0),m\right]\right\}. \quad (2-55)$$

当 $v>\lambda_3$，做变换

$$v = \frac{-\lambda_2\sin^2\phi+\lambda_3}{\cos^2\phi}, \quad (2-56)$$

方程(2-27)的解为

$$u_6 = \left(\frac{2}{3}a_2\right)^{-\frac{1}{3}}\frac{\lambda_3-\lambda_2\,\mathrm{sn}^2\left[\frac{\sqrt{\lambda_3-\lambda_1}}{2}\left(\frac{2}{3}a_2\right)^{\frac{1}{3}}(kx+\omega t-\xi_0),m\right]}{\mathrm{cn}^2\left[\frac{\sqrt{\lambda_3-\lambda_1}}{2}\left(\frac{2}{3}a_2\right)^{\frac{1}{3}}(kx+\omega t-\xi_0),m\right]}, \quad (2-57)$$

其中 $m^2 = \dfrac{\lambda_2-\lambda_1}{\lambda_3-\lambda_1}$.

情形 4 当 $\Delta<0$，$F(v)=0$ 有 1 个单实根和 1 对共轭虚根

$$F(v) = (v-\lambda)(v^2+pv+q),\ p^2-4q<0. \quad (2-58)$$

当 $v>\lambda_1$，做变换

$$v = \lambda + \sqrt{\lambda^2+p\lambda+q}\,\tan^2\frac{\phi}{2}, \quad (2-59)$$

可得

$$\xi-\xi_0 = \int\frac{\mathrm{d}v}{\sqrt{(v-\lambda)(v^2+pv+q)}} = \frac{1}{(\lambda^2+p\lambda+q)^{\frac{1}{4}}}\int\frac{\mathrm{d}\phi}{\sqrt{1-m^2\sin^2\phi}}, \quad (2-60)$$

其中 $m^2 = \dfrac{1}{2}\left(1-\dfrac{\lambda+\dfrac{p}{2}}{\sqrt{\lambda^2+p\lambda+q}}\right)$. 根据椭圆函数的定义，有

$$v = \lambda + \frac{2\sqrt{\lambda^2+p\lambda+q}}{1+\mathrm{cn}[(\lambda^2+p\lambda+q)^{\frac{1}{4}}(\xi_1-\xi_0),m]} - \sqrt{\lambda^2+p\lambda+q}, \quad (2-61)$$

方程(2-27)的解为

$$u_7 = \left(\frac{2}{3}a_2\right)^{-\frac{1}{3}}\left\{\lambda + \frac{2\sqrt{\lambda^2+p\lambda+q}}{1+\mathrm{cn}\left[(\lambda^2+p\lambda+q)^{\frac{1}{4}}\left(\frac{2}{3}a_2\right)^{\frac{1}{3}}(kx+\omega t-\xi_0),m\right]} - \sqrt{\lambda^2+p\lambda+q}\right\}$$

$$(2-62)$$

2.3　（2+1）维 KP-BBM 方程的精确解

　　（2+1）维 Kadomtsov-Petviashvili-Benjamin-Bona-Mahony（KP-BBM）方程形式如下

$$\left[u_t + u_x - \alpha(u^2)_x - \beta u_{xxt} \right]_x + \gamma u_{yy} = 0, \tag{2-63}$$

其中 α, β, γ 均为实数.

　　Abdou 用基于符号计算的扩展映射法得到了该方程的一些周期解、孤立波解和三角波解,Wazwaz 用正余弦法,求得其孤子解等.

　　做行波变换 $u = u(\xi_1), \xi_1 = k_1 x + k_2 y + \omega t$, 得

$$(k_1^2 + k_1\omega + \gamma k_2^2) u'' - 2\alpha k_1^2 (u')^2 - 2\alpha k_1^2 u u'' - \beta k_1^3 \omega u'''' = 0. \tag{2-64}$$

取试探方程

$$u'' = a_0 + a_1 u + \cdots + a_m u^m. \tag{2-65}$$

根据平衡原则得 $m = 2$, 因此试探方程形式为

$$u'' = a_0 + a_1 u + a_2 u^2. \tag{2-66}$$

将方程(2-66)积分, 得

$$(u')^2 = \frac{2}{3} a_2 u^3 + a_1 u^2 + 2a_0 u + d, \tag{2-67}$$

其中 a_0, a_1, a_2 和积分常数 d 都是待定的.由方程(2-66)和方程(2-67), 得

$$u^{(4)} = \frac{10}{3} a_2^2 u^3 + 5a_1 a_2 u^2 + (6a_0 a_2 + a_1^2) u + a_0 a_1 + 2a_2 d. \tag{2-68}$$

将方程(2-66)至方程(2-68)代入方程(2-64), 得

$$h_3 u^3 + h_2 u^2 + h_1 u + h_0 = 0, \tag{2-69}$$

其中

$$h_0 = (k_1^2 + k_1\omega + \gamma k_2^2) a_0 - 2\alpha k_1^2 d - \beta k_1^3 \omega (a_0 a_1 + 2a_2 d), \tag{2-70}$$

$$h_1 = (k_1^2 + k_1\omega + \gamma k_2^2) a_1 - 6\alpha k_1^2 a_0 - \beta k_1^3 \omega (a_1^2 + 6a_0 a_2), \tag{2-71}$$

$$h_2 = (k_1^2 + k_1\omega + \gamma k_2^2) a_2 - 4\alpha k_1^2 a_1 - 5\beta k_1^3 \omega a_1 a_2, \tag{2-72}$$

$$h_3 = -\frac{10}{3}\alpha k_1^2 a_2 - \frac{10}{3}\beta k_1^3 \omega a_2^2. \tag{2-73}$$

令 $r_i=0(i=0,1,2,3)$，可得 $a_1=\dfrac{k_1^2+k_1\omega+\gamma k_2^2}{\beta k_1^3\omega}$，$a_2=-\dfrac{\alpha}{\beta k_1\omega}$，$a_0$ 和 d 是任意常数，令

$$v=\left(\frac{2}{3}a_2\right)^{\frac{1}{3}}u,\xi=\left(\frac{2}{3}a_2\right)^{\frac{1}{3}}\xi_1,d_2=a_1\left(\frac{2}{3}a_2\right)^{-\frac{2}{3}},d_1=2a_0\left(\frac{2}{3}a_2\right)^{-\frac{1}{3}},d_0=d,$$

$$(2\text{-}74)$$

方程(2-66)化为

$$(v')^2=v^3+d_2v^2+d_1v+d_0,\qquad(2\text{-}75)$$

其中 v 是 ξ 的函数.将方程(2-75)转化为初等积分的形式如下

$$\pm(\xi-\xi_0)=\int\frac{\mathrm{d}v}{\sqrt{v^3+d_2v^2+d_1v+d_0}}\,.\qquad(2\text{-}76)$$

定义

$$F(v)=v^3+d_2v^2+d_1v+d_0,\qquad(2\text{-}77)$$

$$\Delta=-27\left(\frac{2d_2^3}{27}+d_0-\frac{d_1d_3}{3}\right)^2-4(d_1-d_2^2)^3,D_1=d_1-\frac{d_2^2}{3},\qquad(2\text{-}78)$$

根据多项式完全判别系统,给出式(2-27)的相应单行波解.

情形 1　当 $\Delta=0,D_1<0,F(v)=0$ 有 1 个二重实根和 1 个单根

$$F(v)=(v-\lambda_1)^2(v-\lambda_2),\lambda_1\neq\lambda_2.\qquad(2\text{-}79)$$

当 $v>\lambda_2$,方程(2-63)的解为

$$u_1=\left(\frac{2}{3}a_2\right)^{-\frac{1}{3}}\left\{(\lambda_1-\lambda_2)\tanh^2\left[\frac{\sqrt{\lambda_1-\lambda_2}}{2}\left(\frac{2}{3}a_2\right)^{\frac{1}{3}}(k_1x+k_2y+\omega t-\xi_0)\right]+\lambda_2\right\},(\lambda_1>\lambda_2),$$

$$(2\text{-}80)$$

$$u_2=\left(\frac{2}{3}a_2\right)^{-\frac{1}{3}}\left\{(\lambda_1-\lambda_2)\coth^2\left[\frac{\sqrt{\lambda_1-\lambda_2}}{2}\left(\frac{2}{3}a_2\right)^{\frac{1}{3}}(k_1x+k_2y+\omega t-\xi_0)\right]+\lambda_2\right\},(\lambda_1>\lambda_2),$$

$$(2\text{-}81)$$

$$u_3=\left(\frac{2}{3}a_2\right)^{-\frac{1}{3}}\left\{(\lambda_2-\lambda_1)\sec^2\left[\frac{\sqrt{-\lambda_1+\lambda_2}}{2}\left(\frac{2}{3}a_2\right)^{\frac{1}{3}}(k_1x+k_2y+\omega t-\xi_0)\right]+\lambda_1\right\},(\lambda_1<\lambda_2),$$

$$(2\text{-}82)$$

情形 2　当 $\Delta=0,D_1=0,F(v)=0$ 有 1 个三重实根

$$F(v)=(v-\lambda)^3,\qquad(2\text{-}83)$$

方程(2-63)的解为

$$u_4 = 4\left(\frac{2}{3}a_2\right)^{-\frac{2}{3}}(k_1 x + k_2 y + \omega t - \xi_0)^{-2} + \lambda. \tag{2-84}$$

情形 3 当 $\Delta > 0, D_1 < 0, F(v) = 0$,有 3 个不等实根

$$F(v) = (v - \lambda_1)(v - \lambda_2)(v - \lambda_3), \lambda_1 < \lambda_2 < \lambda_3. \tag{2-85}$$

当 $\lambda_1 < v < \lambda_2$,做变换

$$v = \lambda_1 + (\lambda_2 - \lambda_1)\sin^2\phi, \tag{2-86}$$

可得

$$\pm(\xi - \xi_0) = \int \frac{dv}{\sqrt{F(v)}} = \frac{2}{\sqrt{\lambda_3 - \lambda_1}}\int \frac{d\phi}{\sqrt{1 - m^2\sin^2\phi}}, \tag{2-87}$$

其中 $m^2 = \dfrac{\lambda_2 - \lambda_1}{\lambda_3 - \lambda_1}$.根据椭圆函数的定义,有

$$v = \lambda_1 + (\lambda_2 - \lambda_1)\mathrm{sn}^2\left[\frac{\sqrt{\lambda_3 - \lambda_1}}{2}(\xi_1 - \xi_0), m\right], \tag{2-88}$$

方程(2-63)的解为

$$u_5 = \left(\frac{2}{3}a_2\right)^{-\frac{1}{3}}\left\{\lambda_1 + (\lambda_2 - \lambda_1)\mathrm{sn}^2\left[\frac{\sqrt{\lambda_3 - \lambda_1}}{2}\left(\frac{2}{3}a_2\right)^{\frac{1}{3}}(k_1 x + k_2 y + \omega t - \xi_0), m\right]\right\}$$

$$\tag{2-89}$$

当 $v > \lambda_3$,做变换

$$v = \frac{-\lambda_2\sin^2\phi + \lambda_3}{\cos^2\phi}, \tag{2-90}$$

方程(2-63)的解为

$$u_6 = \left(\frac{2}{3}a_2\right)^{-\frac{1}{3}}\left\{\frac{\lambda_3 - \lambda_2\mathrm{sn}^2\left[\frac{\sqrt{\lambda_3 - \lambda_1}}{2}\left(\frac{2}{3}a_2\right)^{\frac{1}{3}}(k_1 x + k_2 y + \omega t - \xi_0), m\right]}{\mathrm{cn}^2\left[\frac{\sqrt{\lambda_3 - \lambda_1}}{2}\left(\frac{2}{3}a_2\right)^{\frac{1}{3}}(k_1 x + k_2 y + \omega t - \xi_0), m\right]}\right\}, \tag{2-91}$$

其中 $m^2 = \dfrac{\lambda_2 - \lambda_1}{\lambda_3 - \lambda_1}$.

情形 4 当 $\Delta < 0, F(v) = 0$ 有 1 个单实根和 1 对共轭虚根

$$F(v)=(v-\lambda)(v^2+pv+q),p^2-4q<0 \tag{2-92}$$

当 $v>\lambda_1$，做变换

$$v=\lambda+\sqrt{\lambda^2+p\lambda+q}\ \tan^2\frac{\phi}{2}, \tag{2-93}$$

可得

$$\xi-\xi_0=\int\frac{\mathrm{d}v}{\sqrt{(v-\lambda)(v^2+pv+q)}}=\frac{1}{(\lambda^2+p\lambda+q)^{\frac{1}{4}}}\int\frac{\mathrm{d}\phi}{\sqrt{1-m^2\sin^2\phi}}, \tag{2-94}$$

其中 $m^2=\dfrac{1}{2}\left(1-\dfrac{\lambda+\dfrac{p}{2}}{\sqrt{\lambda^2+p\lambda+q}}\right)$. 根据椭圆函数的定义,有

$$v=\lambda+\frac{2\sqrt{\lambda^2+p\lambda+q}}{1+\mathrm{cn}\left[(\lambda^2+p\lambda+q)^{\frac{1}{4}}(\xi_1-\xi_0),m\right]}-\sqrt{\lambda^2+p\lambda+q}, \tag{2-95}$$

方程(2-63)的解为

$$u_7=\left(\frac{2}{3}a_2\right)^{-\frac{1}{3}}\left\{\lambda+\frac{2\sqrt{\lambda^2+p\lambda+q}}{1+\mathrm{cn}\left[(\lambda^2+p\lambda+q)^{\frac{1}{4}}\left(\frac{2}{3}a_2\right)^{\frac{1}{3}}(k_1x+k_2y+\omega t-\xi_0),m\right]}\sqrt{\lambda^2+p\lambda+q}\right\} \tag{2-96}$$

3 复试探方程法及其应用

非线性 Schrödinger 方程(简记为 NLSE)是数学物理中最著名和最重要的非线性发展方程之一,许多学者从多方面对其进行了研究,标准的 NLSE 描述了皮秒级光孤子的传输.本章将通过提出一种复试探方程法研究带二次—三次非线性项的 Schrödinger 方程和带非局部抛物律的 Schrödinger 方程,首先求出其可积因子方程,然后利用多项式完全判别系统理论对其解进行分类,得到了第一类方程的 7 种形式的精确解,第二类方程的 39 种形式的精确解.

(1)在光学中,光孤子在二次—三次非线性介质中的动力学描述如下

$$iq_t+aq_{xx}+(b_1|q|+b_2|q|^2)q=i[\delta q_x-rq_{xxx}-i\sigma q_{xxx}+\lambda(|q|^2q)_x+\theta|q|_x^2q], \quad (3-1)$$

其中 $q=q(x,t)$ 给出复值波剖面,$a,b_1,b_2,b_3,\delta,\gamma,\sigma,\lambda,\theta$ 为实参数,且 $a\neq0,\sigma\neq0$,$b_1\neq0,b_2\neq0$.

Sulem 等利用 Hirota 双线性化方法得到了其暗孤子解,Buryak 等利用 Ansatz 法得到了一些行波解,Biswas 等利用逆散射方法得到了其光孤子解,Li 等利用双曲函数展开法得到了双曲正割函数解,Osman 等在保角导数的意义下,用展开法得到了其三角函数解和有理函数解.由于所用方法的局限性,经过复杂的计算,只给出了某些特殊形式的解.

(2)光孤子在非局部抛物律介质中的动力学描述方程如下

$$iq_t+aq_{xx}+(b_1|q|^2+b_2|q|^4)q+b_3(|q|^2)_{xx}q=0, \quad (3-2)$$

其中,$q=q(x,t)$ 表示振幅,a,b_1,b_2,b_3 表示实参数,且 $a\neq0,b_2\neq0,b_3\neq0$.

已有文献中用展开法求解了这个非线性 Schrödinger 方程,得到了一些精确的光学解.然而,由于所用方法的局限性,文献只给出了几种特殊形式的解.为了对模型进行更充分的研究,需要找到更多的精确解.

注意到这两个高阶的复微分方程,不能直接约化成积分形式,因此无法直接求其精确解,因为传统的试探方程法通常只能求解实方程,因此本章提出如下一种试探方程法,即复试探方程法来求解精确解.

3.1 复试探方程法

考虑 l 阶常系数复方程

$$N(q,q^*,\partial q,\partial q^*,\partial^2 q,\partial^2 q^*,\cdots,\partial^l q,\partial^l q^*)=0, \tag{3-3}$$

其中 q 是自变量 x,t 的函数, q^* 表示其共轭, $\partial^j q(j=1,2,\cdots,l)$ 表示 q 对自变量 x,t 的所有 j 阶偏导数. 做包络行波变换 $q(x,t)=g(s)\mathrm{e}^{\mathrm{i}(kx+\omega t)}$, 其中 $s=x+vt$, 上述方程变成一个复常微分方程, 分离实部和虚部, 得到两个实系数常微分方程

$$N_1(g,g',g'',\cdots,g^{(l_1)})=0, \tag{3-4}$$

$$N_2(g,g',g'',\cdots,g^{(l_2)})=0, \tag{3-5}$$

为了使这两个微分方程同时成立, 可以取其低阶的一个把它作为恒等式, 如式(3-5), 然后由此给出一些参数满足的条件, 因此, 只需要解另一个方程(3-4). 当式(3-5)不能直接约化成积分形式时候, 采用试探方程

$$(g')^2=F(g)=\frac{a_n g^n+\cdots+a_1 g+a_0}{b_m g^m+\cdots+b_1 g+b_0}, \tag{3-6}$$

其中 $a_i(i=0,1,\cdots,n)$ 和 $b_j(j=0,1,\cdots,m)$ 是待定系数, n 和 m 也需要确定.

接下来, 将试探方程(3-6)代入式(3-4)得出一个关于 g 的多项式, 根据平衡原理, 得到 n 和 m 的值. 进一步, 设它为恒等式, 得到一个非线性代数方程组, 由此方程组得到 a_i 和 b_j 的值. 最后, 解试探方程(3-6)得到式(3-3)的精确解.

定理 3.1 非线性 Schrödinger 方程(3-1)可约化为如下可积形式

$$w_\xi^2=F(w)=w^3+d_2 w^2+d_1 w+d_0, \tag{3-7}$$

其中 k,ω,v 为常数, $\xi=a_3^{\frac{1}{3}}(x+vt)$, $w=a_3^{\frac{1}{3}}|q|$, $d_2=a_2 a_3^{-\frac{2}{3}}$, $d_1=a_1 a_3^{-\frac{1}{3}}$, $d_0=a_0$,

$$\begin{cases} a_3=\pm\sqrt{\dfrac{2(\lambda k+b_2)}{15\sigma}}, \\[2ex] a_2=\dfrac{2b_1}{15\sigma a_3}-\dfrac{1}{5\sigma}(3kr-6\sigma k^2-a), \\[2ex] a_1=\dfrac{2}{9a_3\sigma}\left[-a_2^2\sigma-a_2(3kr-6\sigma k^2-a)-(\omega+k^2 a-\delta k-k^3 r+\sigma k^4)\right], \\[2ex] a_0=\dfrac{1}{3\sigma a_3}\left[-\dfrac{1}{2}\sigma a_1 a_2-\dfrac{1}{2}a_1(3kr-6\sigma k^2-a)\right]. \end{cases}$$

证明 采用包络行波变换

$$q(x,t)=g(s)\mathrm{e}^{\mathrm{i}\varphi(x,t)}, s=x+vt, \varphi(x,t)=kx+\omega t,$$

将其代入方程(4-1), 并分离实部与虚部, 可得

$$\sigma g^{(4)}+(3kr-6\sigma k^2-a)g''+(\omega+k^2 a-\delta k-k^3 r+\sigma k^4)g$$

$$-b_1 g^2-(\lambda k+b_2)g^3=0, \tag{3-8}$$

和

$$(\delta+3k^2r-4\sigma k^3-v-2ka)g'-(r-4k\sigma)g'''+(3\lambda+2\theta)g^2g'=0. \qquad (3-9)$$

令式(3-9)为一恒等式,有

$$v=\delta+3k^2r-4\sigma k^3-2ka,k=\frac{r}{4\sigma},\lambda=-\frac{2}{3}\theta.$$

另一个方程(3-8)是四阶非线性的微分方程,不能直接积分,所以为了导出其可积子方程,利用试探方程法.取试探方程

$$(g')^2=F(g)=\frac{a_ng^n+\cdots+a_1g+a_0}{b_mg^m+\cdots+b_1g+b_0}$$

代入式(3-8)中,利用平衡原理,可得 $n=3,m=0$.

因此试探方程成为

$$(g')^2=a_3g^3+a_2g^2+a_1g+a_0,$$

将其代入式(3-8),得

$$r_3g^3+r_2g^2+r_1g+r_0=0,$$

其中

$$\begin{cases} r_3=\dfrac{15}{2}\sigma a_3^2-\lambda k-b_2, \\[2mm] r_2=\dfrac{15}{2}\sigma a_2a_3+\dfrac{3}{2}a_3(3kr-6\sigma k^2-a)-b_1, \\[2mm] r_1=\sigma\left(\dfrac{9}{2}a_1a_3+a_2^2\right)+a_2(3kr-6\sigma k^2-a)+(\omega+k^2a-\delta k-k^3r+\sigma k^4), \\[2mm] r_0=\sigma\left(3a_0a_3+\dfrac{1}{2}a_1a_2\right)+\dfrac{1}{2}a_1(3kr-6\sigma k^2-a). \end{cases}$$

解方程组 $r_3=r_2=r_1=r_0=0$,得

$$\begin{cases} a_3=\pm\sqrt{\dfrac{2(\lambda k+b_2)}{15\sigma}}, \\[3mm] a_2=\dfrac{2b_1}{15\sigma a_3}-\dfrac{1}{5\sigma}(3kr-6\sigma k^2-a), \\[3mm] a_1=\dfrac{2}{9a_3\sigma}\left[-a_2^2\sigma-a_2(3kr-6\sigma k^2-a)-(\omega+k^2a-\delta k-k^3r+\sigma k^4)\right], \\[3mm] a_0=\dfrac{1}{3\sigma a_3}\left[-\dfrac{1}{2}\sigma a_1a_2-\dfrac{1}{2}a_1(3kr-6\sigma k^2-a)\right]. \end{cases}$$

记 $w = a_3^{\frac{1}{3}} g, s = a_3^{-\frac{1}{3}} \xi$，则试探方程变为

$$w_\xi^2 = F(w) = w^3 + d_2 w^2 + d_1 w + d_0,$$

其中 $d_2 = a_2 a_3^{-\frac{2}{3}}, d_1 = a_1 a_3^{-\frac{1}{3}}, d_0 = a_0.$ 这样就把原方程(3-1)约化到了一个可积的因子方程.证明完毕.

定理 3.2 非线性 Schrödinger 方程（3-2）可约化为如下可积形式

$$(g')^2 = \frac{C_0 + 2(\omega + ak^2) g^2 - \dfrac{b_1}{2} g^4 - \dfrac{b_3}{3} g^6}{a + 2b_3 g^2}, \qquad (3\text{-}10)$$

其中，C_0, ω, k 为任意常数，$g = |q|$.

证明 做包络行波变换

$$q(x,t) = g(s) e^{i\varphi(x,t)}, s = x + vt, \varphi(x,t) = kx + \omega t,$$

将其代入式(3-2),再分离实部和虚部,得

$$(a + 2b_3 g^2) g'' + 2b_3 g(g')^2 = (a + \omega) g - b_1 g^3 - b_2 g^5, \qquad (3\text{-}11)$$

$$v = 2ak.$$

方程(3-11)是二阶非线性的微分方程,不能直接积分.所以为了导出其可积因子方程,取试探方程

$$g' = F(g)$$

代入式(3-11),得

$$(a + 2b_3 g^2) FF' + 2b_3 g F^2 = (a + \omega) g - b_1 g^3 - b_2 g^5.$$

令 $W = F^2$,得

$$\frac{1}{2}(a + 2b_3 g^2) W' + 2b_3 g W = (a + \omega) g - b_1 g^3 - b_2 g^5. \qquad (3\text{-}12)$$

解式(3-12),得

$$W = \frac{C_0 + (a + \omega) g^2 - \dfrac{1}{2} b_1 g^4 - \dfrac{1}{3} b_2 g^6}{a + 2b_3 g^2},$$

其中 C_0 是任意常数,此时有

$$F(g) = g' = \pm \sqrt{\frac{C_0 + (a + \omega) g^2 - \dfrac{1}{2} b_1 g^4 - \dfrac{1}{3} b_2 g^6}{a + 2b_3 g^2}}.$$

这样就把原方程(3-2)约化到了一个可积的因子方程.证明完毕.

3.2 带二次—三次非线性项的 Schrödinger 方程的精确解

由定理 3.1 知,非线性 Schrödinger 方程(3-1)约化到可积因子方程(3-7),因此方程(3-7)的精确解也是方程(3-1)的精确解.首先给出多项式 $F(w)$ 的完全判别系统.

定理 3.3 设 $F(w)=(w-\alpha)^2(w-\beta)$,$\alpha\neq\beta$ 为实数.

(1)当 $w>\alpha>\beta$ 时,则方程(3-1)具有双曲余割函数解

$$q_1(x,t)=a_3^{-\frac{1}{3}}\left(\alpha+(\alpha-\beta)\operatorname{csch}^2\left\{\frac{\sqrt{\alpha-\beta}}{2}\left[a_3^{\frac{1}{3}}(x+vt)-\xi_0\right]\right\}\right)\mathrm{e}^{\mathrm{i}(kx+\omega t)}. \quad (3-13)$$

(2)当 $\alpha>w>\beta$ 时,则方程(3-1)具有双曲正割函数解

$$q_2(x,t)=a_3^{-\frac{1}{3}}\left(\alpha+(\alpha-\beta)\operatorname{sech}^2\left\{\frac{\sqrt{\alpha-\beta}}{2}\left[a_3^{\frac{1}{3}}(x+vt)-\xi_0\right]\right\}\right)\mathrm{e}^{\mathrm{i}(kx+\omega t)}. \quad (3-14)$$

(3)当 $w>\beta>\alpha$ 时,则方程(3-1)具有三角函数解

$$q_3(x,t)=a_3^{-\frac{1}{3}}\left(\alpha+(\alpha-\beta)\tan^2\left\{\frac{\sqrt{\alpha-\beta}}{2}\left[a_3^{\frac{1}{3}}(x+vt)-\xi_0\right]\right\}\right)\mathrm{e}^{\mathrm{i}(kx+\omega t)}. \quad (3-15)$$

证明 (1)当 $F(w)=(w-\alpha)^2(w-\beta)$,$w>\alpha>\beta$ 时,

$$\pm(\xi-\xi_0)=\int\frac{\mathrm{d}w}{(w-\alpha)\sqrt{(w-\beta)}}=\frac{1}{\sqrt{\alpha-\beta}}\ln\left|\frac{\sqrt{w-\beta}-\sqrt{\alpha-\beta}}{\sqrt{w-\beta}+\sqrt{\alpha-\beta}}\right|,$$

从而

$$w=\alpha+(\alpha-\beta)\operatorname{csch}^2\left[\frac{\sqrt{\alpha-\beta}}{2}(\xi-\xi_0)\right].$$

因此相应的方程(3-1)的解为

$$q_1(x,t)=a_3^{-\frac{1}{3}}\left(\alpha+(\alpha-\beta)\operatorname{csch}^2\left\{\frac{\sqrt{\alpha-\beta}}{2}\left[a_3^{\frac{1}{3}}(x+vt)-\xi_0\right]\right\}\right)\mathrm{e}^{\mathrm{i}(kx+\omega t)}.$$

(2)当 $F(w)=(w-\alpha)^2(w-\beta)$,$\alpha>w>\beta$ 时,

$$\pm(\xi-\xi_0)=\int\frac{\mathrm{d}w}{(w-\alpha)\sqrt{(w-\beta)}}=\frac{1}{\sqrt{\alpha-\beta}}\ln\left|\frac{\sqrt{w-\beta}-\sqrt{\alpha-\beta}}{\sqrt{w-\beta}+\sqrt{\alpha-\beta}}\right|,$$

从而

$$w = \alpha + (\alpha - \beta) \operatorname{sech}^2 \left[\frac{\sqrt{\alpha - \beta}}{2} (\xi - \xi_0) \right].$$

因此相应的方程(3-1)的解为

$$q_2(x,t) = a_3^{-\frac{1}{3}} \left(\alpha + (\alpha - \beta) \operatorname{sech}^2 \left\{ \frac{\sqrt{\alpha - \beta}}{2} \left[a_3^{\frac{1}{3}} (x + vt) - \xi_0 \right] \right\} \right) e^{i(kx + \omega t)}.$$

（3）当 $F(w) = (w - \alpha)^2 (w - \beta)$，$w > \beta > \alpha$ 时，

$$\pm (\xi - \xi_0) = \int \frac{\mathrm{d}w}{(w - \alpha)\sqrt{(w - \beta)}} = \frac{2}{\sqrt{\beta - \alpha}} \arctan \frac{\sqrt{w - \beta}}{\sqrt{\beta - \alpha}},$$

从而

$$w = \beta + (\beta - \alpha) \tan^2 \left[\frac{\sqrt{B - \alpha}}{2} (\xi - \xi_0) \right].$$

因此相应的方程(3-1)的解为

$$q_3(x,t) = a_3^{-\frac{1}{3}} \left(\alpha + (\alpha - \beta) \tan^2 \left\{ \frac{\sqrt{\alpha - \beta}}{2} \left[a_3^{\frac{1}{3}} (x + vt) - \xi_0 \right] \right\} \right) e^{i(kx + \omega t)}.$$

证明完毕.

定理 3.4　设 $F(w) = (w - \alpha)^3$，α 为实数，$w > \alpha$，则方程(3-1)具有有理函数解

$$q_4(x,t) = a_3^{-\frac{1}{3}} \left[\frac{4}{a_3^{\frac{1}{3}}(x + vt) - \xi_0} + \alpha \right] e^{i(kx + \omega t)}. \tag{3-16}$$

证明　当 $F(w) = (w - \alpha)^3$，$w > \alpha$ 时，

$$\pm (\xi - \xi_0) = \int \frac{\mathrm{d}w}{(w - \alpha)^{\frac{3}{2}}} = -2(w - \alpha)^{-\frac{1}{2}},$$

从而

$$w = \frac{4}{(\xi - \xi_0)^2} + \alpha.$$

因此相应的方程(3-1)的解为

$$q_4(x,t) = a_3^{-\frac{1}{3}} \left[\frac{4}{a_3^{\frac{1}{3}}(x + vt) - \xi_0} + \alpha \right] e^{i(kx + \omega t)}.$$

证明完毕.

定理 3.5　设 $F(w) = (w - \alpha)(w - \beta)(w - \gamma)$，$\alpha < \beta < \gamma$ 为实数.

32

（1）当 $\alpha<w<\beta$ 时,则方程(3-1)具有椭圆函数解

$$q_5(x,t)=a_3^{-\frac{1}{3}}\left(\alpha+(\beta-\alpha)\,\mathrm{sn}^2\left\{\frac{\sqrt{\gamma-\alpha}}{2}\left[a_3^{\frac{1}{3}}(x+vt)-\xi_0\right],m\right\}\right)\mathrm{e}^{\mathrm{i}(kx+\omega t)}.\quad(3-17)$$

（2）当 $w<\gamma$ 时,则方程(3-1)具有椭圆函数解

$$q_6(x,t)=a_3^{-\frac{1}{3}}\left(\frac{\gamma-\beta\mathrm{sn}^2\left\{\dfrac{\sqrt{\gamma-\alpha}}{2}\left[a_3^{\frac{1}{3}}(x+vt)-\xi_0\right],m\right\}}{\mathrm{cn}^2\left\{\dfrac{\sqrt{\gamma-\alpha}}{2}\left[a_3^{\frac{1}{3}}(x+vt)-\xi_0\right],m\right\}}\right)\mathrm{e}^{\mathrm{i}(kx+\omega t)}.\quad(3-18)$$

其中 $m=\sqrt{(\beta-\alpha)/(\gamma-\alpha)}$.

证明 （1）当 $F(w)=(w-\alpha)(w-\beta)(w-\gamma)$,$\alpha<w<\beta$ 时,做变量代换

$$w=\alpha+(\beta-\alpha)\sin^2\varphi,$$

得

$$\pm(\xi-\xi_0)=\int\frac{\mathrm{d}w}{(w-\alpha)(w-\beta)(w-\gamma)}=\frac{1}{\sqrt{\gamma-\alpha}}\int\frac{\mathrm{d}\varphi}{\sqrt{1-m^2\sin^2\varphi}}\,,$$

从而

$$w=\alpha+(\alpha-\beta)\,\mathrm{sn}^2\left[\frac{\sqrt{\gamma-\alpha}}{2}(\xi-\xi_0),m\right].$$

因此相应的方程(3-1)的解为

$$q_5(x,t)=a_3^{-\frac{1}{3}}\left(\alpha+(\beta-\alpha)\,\mathrm{sn}^2\left\{\frac{\sqrt{\gamma-\alpha}}{2}\left[a_3^{\frac{1}{3}}(x+vt)-\xi_0\right],m\right\}\right)\mathrm{e}^{\mathrm{i}(kx+\omega t)}.$$

（2）当 $F(w)=(w-\alpha)(w-\beta)(w-\gamma)$,$w<\gamma$ 时,做变量代换

$$w=-\frac{\gamma-\beta\sin^2\varphi}{\cos^2\varphi},$$

得

$$\pm(\xi-\xi_0)=\int\frac{\mathrm{d}w}{(w-\alpha)(w-\beta)(w-\gamma)}=\frac{1}{\sqrt{\gamma-\alpha}}\int\frac{\mathrm{d}\varphi}{\sqrt{1-m^2\sin^2\varphi}}\,,$$

从而

$$w=\frac{\gamma-\beta\mathrm{sn}^2\left[\dfrac{\sqrt{\gamma-\alpha}}{2}(\xi-\xi_0),m\right]}{\mathrm{cn}^2\left[\dfrac{\sqrt{\gamma-\alpha}}{2}(\xi-\xi_0),m\right]}.$$

因此相应的方程(3-1)的解为

$$q_6(x,t)=a_3^{-\frac{1}{3}}\left(\dfrac{\gamma-\beta\mathrm{sn}^2\left\{\dfrac{\sqrt{\gamma-\alpha}}{2}\left[a_3^{\frac{1}{3}}(x+vt)-\xi_0\right],m\right\}}{\mathrm{cn}^2\left\{\dfrac{\sqrt{\gamma-\alpha}}{2}\left[a_3^{\frac{1}{3}}(x+vt)-\xi_0\right],m\right\}}\right)\mathrm{e}^{\mathrm{i}(kx+\omega t)}.$$

证明完毕.

定理 3.6 设 $F(w)=(w-\alpha)(w^2+pw+q)$，$\alpha,p,q$ 为实数且 $p^2-4q<0,w>\alpha$，则方程(3-1)具有椭圆函数解

$$q_7(x,t)=a_3^{-\frac{1}{3}}\left(\alpha+\dfrac{2\varsigma}{1+\mathrm{cn}\{\sqrt{\varsigma}\left[a_3^{\frac{1}{3}}(x+vt)-\xi_0\right],m\}}-\varsigma\right)\mathrm{e}^{\mathrm{i}(kx+\omega t)}, \qquad (3-19)$$

其中 $\varsigma=\sqrt{\alpha^2+p\alpha+q},m=\sqrt{(2\varsigma-2\alpha+p)/(4s)}$.

证明 当 $F(w)=(w-\alpha)(w^2+pw+q),w>\alpha$ 时，做变量代换

$$w=\alpha+\varsigma\tan^2\dfrac{\varphi}{2},$$

得

$$\pm(\xi-\xi_0)=\int\dfrac{\mathrm{d}w}{\sqrt{(w-\alpha)(w^2+pw+q)}}=\dfrac{2}{\sqrt{\varsigma}}\int\dfrac{\mathrm{d}\varphi}{\sqrt{1-m^2\sin^2\varphi}}\ ,$$

从而

$$w=\alpha+\dfrac{2\varsigma}{1+\mathrm{cn}(\sqrt{\varsigma}(\xi-\xi_0),m)}-\varsigma.$$

因此相应的方程(3-1)的解为

$$q_7(x,t)=a_3^{-\frac{1}{3}}\left\{\alpha+\dfrac{2\varsigma}{1+\mathrm{cn}\{\sqrt{\varsigma}\left[a_3^{\frac{1}{3}}(x+vt)-\xi_0\right],m\}}-\varsigma\right\}\mathrm{e}^{\mathrm{i}(kx+\omega t)},$$

证明完毕.

由以上解可以看出，$q_1(x,t),q_2(x,t)$ 是光孤子解；$q_3(x,t)$ 是不连续周期解；$q_4(x,t)$ 是有理函数解；$q_5(x,t),q_6(x,t),q_7(x,t)$ 是双周期解.这些解显示了模型中各种波的传播模式，其中，据所知，解 $q_5(x,t),q_6(x,t),q_7(x,t)$ 是新的.对于 NLSE 方程(3-1)，由于方程(3-4)是一个四阶非线性微分方程，利用直接展开方法无法获得丰富的精确解，因此提出了一种新的试探方程法，得到了高阶非线性 Schrödinger 方程的可积因子，进而利用三阶多项式完全判别系统方法求出了精确解.这就给出了原非线性 Schrödinger 方程的一系列精确包络行波解，这些解包括有

理函数解、孤立子解、周期波解、椭圆函数解以及双周期解.这些解显示了该物理模型丰富的波传播模式.同时,本章所得到的解包括现有文献中所得到的解,且得到了这些文献中没有得到的新的椭圆函数解 $q_5(x,t),q_6(x,t),q_7(x,t)$.

3.3 带非局部抛物律的 Schrödinger 方程的精确解

令 $z=a+2b_3g^2$,则方程(3-10)可化为

$$\pm 4b_3(s-s_0)=\int \sqrt{\frac{z}{(z-a)(d_3z^3+d_2z^2+d_1z+d_0)}}\ \mathrm{d}z, \qquad (3-20)$$

其中

$$d_3=-\frac{b_2}{48b_3^4}$$

$$d_2=\frac{ab_2-b_1b_3}{16b_3^4}$$

$$d_1=\frac{-a^2b_2+2ab_1b_3+4(a+\omega)b_3^2}{16b_3^4}.$$

取适当的 ω 可使 $d_0=0$,此时式(3-20)化简为

$$\pm 4b_3(s-s_0)=\int \frac{\mathrm{d}z}{\sqrt{(z-a)h(z)}}\ , \qquad (3-21)$$

其中 s_0 为任意实数,$h(z)=d_3z^2+d_2z+d_1$.

定理 3.7 设 $h(z)=d_3(z-\beta)^2$,其中 β 为实数.

(1)当 $\beta>a,b_2<0,b_3>0,z>a$,或 $\beta<a,b_2>0,b_3<0,z<a$ 时,则方程(3-2)有精确解

$$q_1(x,t)=\pm\sqrt{\frac{\beta-a}{2b_3}}\ \frac{\mathrm{e}^{c_1(x-2at-s_0)}+1}{\mathrm{e}^{c_1(x-2at-s_0)}-1}\mathrm{e}^{\mathrm{i}(x+\omega t)}. \qquad (3-22)$$

(2)当 $\beta>a,b_2>0,b_3<0,z<a$,或 $\beta<a,b_2<0,b_3>0,z>a$ 时,则方程(3-2)有精确解

$$q_2(x,t)=\pm\sqrt{\frac{a-\beta}{2b_3}}\tan[c_2(x-2at-s_0)]\mathrm{e}^{\mathrm{i}(x+\omega t)}. \qquad (3-23)$$

(3)当 $\beta=a,b_2<0,b_3>0,z>a$,或 $\beta=a,b_2>0,b_3<0,z<a$ 时,则方程(3-2)有精确解

$$q_3(x,t)=\pm\frac{1}{c_3(x-2at-s_0)}\mathrm{e}^{\mathrm{i}(x+\omega t)}. \qquad (3-24)$$

其中 $c_1 = 4b_3\sqrt{d_3(\beta-a)}$，$c_2 = 2b_3\sqrt{d_3(a-\beta)}$，$c_3 = 2\sqrt{2b_3^{\frac{3}{2}}d_3}$.

证明　（1）当 $\beta>a,b_2<0,b_3>0,z>a$，或 $\beta<a,b_2>0,b_3<0,z<a$ 时，得

$$\pm 4b_3\sqrt{|d_3|}(s-s_0) = \int \frac{\mathrm{d}z}{(z-\beta)\sqrt{|z-a|}} = \frac{1}{\sqrt{|\beta-a|}}\ln\left|\frac{\sqrt{|z-a|}-\sqrt{|\beta-a|}}{\sqrt{|z-a|}+\sqrt{|\beta-a|}}\right|,$$

则有解

$$q_1(x,t) = \pm\sqrt{\frac{\beta-a}{2b_3}}\,\frac{\mathrm{e}^{c_1(x-2at-s_0)}+1}{\mathrm{e}^{c_1(x-2at-s_0)}-1}\mathrm{e}^{\mathrm{i}(x+\omega t)}.$$

（2）当 $\beta>a,b_2>0,b_3<0,z<a$，或 $\beta<a,b_2<0,b_3>0,z>a$ 时，得

$$\pm 4b_3\sqrt{|d_3|}(s-s_0) = \int \frac{\mathrm{d}z}{(z-\beta)\sqrt{|a-z|}} = \frac{2}{\sqrt{|\beta-a|}}\arctan\sqrt{\frac{a-z}{\beta-a}},$$

则有解

$$q_2(x,t) = \pm\sqrt{\frac{a-\beta}{2b_3}}\tan\left[c_2(x-2at-s_0)\right]\mathrm{e}^{\mathrm{i}(x+\omega t)}.$$

（3）当 $\beta=a,b_2<0,b_3>0,z>a$，或 $\beta=a,b_2>0,b_3<0,z<a$ 时，得

$$\pm 4b_3\sqrt{|d_3|}(s-s_0) = \int \frac{1}{|z-a|^{\frac{3}{2}}}\mathrm{d}z,$$

则有解

$$q_3(x,t) = \pm\frac{1}{c_3(x-2at-s_0)}\mathrm{e}^{\mathrm{i}(x+\omega t)}.$$

证明完毕.

定理 3.8　设 $h(z) = d_3(z-\beta)(z-\gamma)$，其中 β 和 γ 为实数，且 $\beta>\gamma$.

（1）当 $a=\beta>\gamma,b_2>0,b_3<0,z<\gamma$ 时，则方程（3-2）有精确解

$$q_4(x,t) = \pm\sqrt{\frac{\gamma-a}{2b_3}}\sec\left[c_4(x-2at-s_0)\right]\mathrm{e}^{\mathrm{i}(x+\omega t)}. \tag{3-25}$$

（2）当 $a=\beta>\gamma,b_2<0,b_3>0,z>\gamma$ 时，则方程（3-2）有精确解

$$q_5(x,t) = \pm\sqrt{\frac{2(a-r)}{b_3}}\,\frac{\mathrm{e}^{\frac{c_5}{2}(x-2at-s_0)}}{\mathrm{e}^{c_5(x-2at-s_0)}-1}\mathrm{e}^{\mathrm{i}(x+\omega t)}. \tag{3-26}$$

（3）当 $a=\gamma<\beta,b_2>0,b_3<0,z<a$ 时，则方程（3-2）有精确解

$$q_6(x,t) = \pm \sqrt{\frac{2(a-\beta)}{b_3}} \frac{e^{\frac{c_6}{2}(x-2at-s_0)}}{e^{c_6(x-2at-s_0)}-1} e^{i(x+\omega t)}. \qquad (3-27)$$

（4）当 $a=\gamma<\beta, b_2<0, b_3>0, z>\beta$ 时，则方程（3-2）有精确解

$$q_7(x,t) = \pm \sqrt{\frac{\beta-a}{2b_3}} \sec[c_7(x-2at-s_0)] e^{i(x+\omega t)}. \qquad (3-28)$$

其中

$$c_4 = 2b_3\sqrt{d_3(\gamma-a)},$$

$$c_5 = 4b_3\sqrt{d_3(a-\gamma)},$$

$$c_6 = 4b_3\sqrt{-d_3(\beta-a)},$$

$$c_7 = 2b_3\sqrt{d_3(\beta-a)}.$$

证明 （1）当 $\alpha=\beta>\gamma, b_2>0, b_3<0, z<\gamma$ 时，得

$$\pm 4b_3\sqrt{-d_3}(s-s_0) = \int \frac{dz}{(z-a)\sqrt{\gamma-z}} = \frac{2}{\sqrt{a-\gamma}} \arctan\sqrt{\frac{\gamma-z}{a-\gamma}},$$

则有解

$$q_4(x,t) = \pm \sqrt{\frac{\gamma-a}{2b_3}} \sec[c_4(x-2at-s_0)] e^{i(x+\omega t)}.$$

（2）当 $a=\beta>\gamma, b_2<0, b_3>0, z>\gamma$ 时，得

$$\pm 4b_3\sqrt{d_3}(s-s_0) = \int \frac{dz}{(z-a)\sqrt{z-\gamma}} = \frac{1}{\sqrt{a-\gamma}} \ln\frac{\sqrt{z-\gamma}-\sqrt{a-\gamma}}{\sqrt{z-\gamma}+\sqrt{a-\gamma}},$$

则有解

$$q_5(x,t) = \pm \sqrt{\frac{2(a-r)}{b_3}} \frac{e^{\frac{c_5}{2}(x-2at-s_0)}}{e^{c_5(x-2at-s_0)}-1} e^{i(x+\omega t)}.$$

（3）当 $a=\gamma<\beta, b_2>0, b_3<0, z<a$ 时，得

$$\pm 4b_3\sqrt{-d_3}(s-s_0) = \int \frac{dz}{(z-a)\sqrt{\beta-z}} = \frac{1}{\sqrt{\beta-a}} \ln\frac{\sqrt{\beta-z}-\sqrt{\beta-a}}{\sqrt{\beta-z}+\sqrt{\beta-a}},$$

则有解

$$q_6(x,t) = \pm \sqrt{\frac{2(a-\beta)}{b_3}} \frac{e^{\frac{c_6}{2}(x-2at-s_0)}}{e^{c_6(x-2at-s_0)}-1} e^{i(x+\omega t)}.$$

（4）当 $a=\gamma<\beta, b_2<0, b_3>0, z>\beta$ 时，得

$$\pm 4b_3 \sqrt{d_3}(s-s_0) = \int \frac{dz}{(z-a)\sqrt{z-\beta}} = \frac{2}{\sqrt{\beta-a}}\arctan\sqrt{\frac{z-\beta}{\beta-a}},$$

则有解

$$q_7(x,t) = \pm\sqrt{\frac{\beta-a}{2b_3}}\sec\left[c_7(x-2at-s_0)\right]e^{i(x+\omega t)}.$$

证明完毕.

定理 3.9 设 $h(z)=d_3(z-\beta)(z-\gamma)$，其中 β 和 γ 为实数，且 $a>\beta>\gamma$.

（1）当 $b_2>0, b_3<0, \beta<z<a$ 时，则方程（3-2）有精确解

$$q_8(x,t) = \pm\sqrt{\frac{-(a-\beta)}{2b_3}}\,\mathrm{sn}\left[c_8(x-2at-s_0),m_1^2\right]e^{i(x+\omega t)}. \qquad (3-29)$$

（2）当 $b_2>0, b_3<0, z<\gamma$ 时，则方程（3-2）有精确解

$$q_9(x,t) = \pm\sqrt{\frac{1}{2b_3}\left\{\frac{\gamma-\beta\,\mathrm{sn}^2\left[c_7(x-2at-s_0),m_1^2\right]}{\mathrm{cn}^2\left[c_7(x-2at-s_0),m_1^2\right]}-a\right\}}\,e^{i(x+\omega t)}. \qquad (3-30)$$

（3）当 $b_2<0, b_3>0, z>a$ 时，则方程（3-2）有精确解

$$q_{10}(x,t) = \pm\sqrt{\frac{1}{2b_3}\left\{\frac{a-\beta\,\mathrm{sn}^2\left[c_8(x-2at-s_0),m_2^2\right]}{\mathrm{cn}^2\left[c_8(x-2at-s_0),m_2^2\right]}-a\right\}}\,e^{i(x+\omega t)}. \qquad (3-31)$$

（4）当 $b_2<0, b_3>0, \gamma<z<\beta$ 时，则方程（3-2）有精确解

$$q_{11}(x,t) = \pm\sqrt{\frac{\gamma+(\beta-\gamma)\,\mathrm{sn}^2\left[c_9(x-2at-s_0),m_2^2\right]-a}{2b_3}}\,e^{i(x+\omega t)}. \qquad (3-32)$$

其中

$$m_1 = \sqrt{\frac{a-\beta}{a-\gamma}},$$

$$m_2 = \sqrt{\frac{\beta-\gamma}{a-\gamma}},$$

$$c_8 = 2b_3\sqrt{-d_3(a-\gamma)},$$

$$c_9 = 2b_3\sqrt{d_3(a-\gamma)}.$$

证明 （1）当 $b_2>0, b_3<0, \beta<z<a$ 时，做变换 $z=a-(a-\beta)\sin^2\varphi$，得

$$\pm 2b_3\sqrt{-d_3(a-\gamma)}\,(s-s_0)=\int\frac{\mathrm{d}\varphi}{\sqrt{1-m_1^2\sin^2\varphi}},$$

则有解

$$q_8(x,t)=\pm\sqrt{\frac{-(a-\beta)}{2b_3}}\,\mathrm{sn}\big[\,c_8(x-2at-s_0)\,,m_1^2\,\big]\,\mathrm{e}^{\mathrm{i}(x+\omega t)}.$$

（2）当 $b_2>0,b_3<0,z<\gamma$ 时，做变换 $z=(\gamma-\beta\sin^2\varphi)/\cos^2\varphi$，得

$$\pm 2b_3\sqrt{-d_3(a-\gamma)}\,(s-s_0)=\int\frac{\mathrm{d}\varphi}{\sqrt{1-m_1^2\sin^2\varphi}},$$

则有解

$$q_9(x,t)=\pm\sqrt{\frac{1}{2b_3}\left\{\frac{\gamma-\beta\mathrm{sn}^2\big[\,c_7(x-2at-s_0)\,,m_1^2\,\big]}{\mathrm{cn}^2\big[\,c_7(x-2at-s_0)\,,m_1^2\,\big]}-a\right\}}\,\mathrm{e}^{\mathrm{i}(x+\omega t)}.$$

（3）当 $b_2<0,b_3>0,z>a$ 时，做变换 $z=(a-\beta\sin^2\varphi)/\cos^2\varphi$，得

$$\pm 2b_3\sqrt{d_3(a-\gamma)}\,(s-s_0)=\int\frac{\mathrm{d}\varphi}{\sqrt{1-m_2^2\sin^2\varphi}},$$

则有解

$$q_{10}(x,t)=\pm\sqrt{\frac{1}{2b_3}\left\{\frac{a-\beta\mathrm{sn}^2\big[\,c_8(x-2at-s_0)\,,m_2^2\,\big]}{\mathrm{cn}^2\big[\,c_8(x-2at-s_0)\,,m_2^2\,\big]}-a\right\}}\,\mathrm{e}^{\mathrm{i}(x+\omega t)}.$$

（4）当 $b_2<0,b_3>0,\gamma<z<\beta,z=\gamma+(\beta-\gamma)\sin^2\varphi$，得

$$\pm 2b_3\sqrt{d_3(a-\gamma)}\,(s-s_0)=\int\frac{\mathrm{d}\varphi}{\sqrt{1-m_2^2\sin^2\varphi}},$$

则有解

$$q_{11}(x,t)=\pm\sqrt{\frac{\gamma+(\beta-\gamma)\mathrm{sn}^2\big[\,c_9(x-2at-s_0)\,,m_2^2\,\big]-a}{2b_3}}\,\mathrm{e}^{\mathrm{i}(x+\omega t)}.$$

证明完毕.

定理 3.10 设 $h(z)=d_3(z-\beta)(z-\gamma)$，其中 β 和 γ 为实数，且 $a<\gamma<\beta$.

（1）当 $b_2<0,b_3>0,\beta<z$ 时，则方程（3-2）有精确解

$$q_{12}(x,t)=\pm\sqrt{\frac{1}{2b_3}\left\{\frac{\beta-\gamma\mathrm{sn}^2\big[\,c_{10}(x-2at-s_0)\,,m_3^2\,\big]}{\mathrm{cn}^2\big[\,c_{10}(x-2at-s_0)\,,m_3^2\,\big]}-a\right\}}\,\mathrm{e}^{\mathrm{i}(x+\omega t)}. \qquad (3-33)$$

（2）当 $b_2<0,b_3>0,a<z<\gamma$ 时，则方程（3-2）有精确解

$$q_{13}(x,t) = \pm \sqrt{\frac{\gamma-a}{2b_3}} \mathrm{sn}\left[c_{10}(x-2at-s_0),m_3^2\right] \mathrm{e}^{\mathrm{i}(x+\omega t)}. \qquad (3\text{-}34)$$

（3）当 $b_2>0,b_3<0,z<a$ 时，则方程（3-2）有精确解

$$q_{14}(x,t) = \pm \sqrt{\frac{1}{2b_3}\left\{ \frac{\alpha-\gamma\mathrm{sn}^2\left[c_{11}(x-2at-s_0),m_4^2\right]}{\mathrm{cn}^2\left[c_{11}(x-2at-s_0),m_4^2\right]} -a \right\}} \mathrm{e}^{\mathrm{i}(x+\omega t)}. \qquad (3\text{-}35)$$

（4）当 $b_2>0,b_3>0,\gamma<z<\beta$ 时，则方程（3-2）有精确解

$$q_{15}(x,t) = \pm \sqrt{\frac{\beta+(\gamma-\beta)\mathrm{sn}^2\left[c_{11}(x-2at-s_0),m_4^2\right]-a}{2b_3}} \mathrm{e}^{\mathrm{i}(x+\omega t)}. \qquad (3\text{-}36)$$

其中

$$m_3 = \sqrt{\frac{\gamma-a}{\beta-a}},$$

$$m_4 = \sqrt{\frac{\beta-\gamma}{\beta-a}},$$

$$c_{10} = 2b_3\sqrt{d_3(\beta-a)},$$

$$c_{11} = 2b_3\sqrt{-d_3(a-\gamma)}.$$

证明　（1）当 $b_2<0,b_3>0,\beta<z$ 时，做变换 $z=(\beta-\gamma\sin^2\varphi)/\cos^2\varphi$，得

$$\pm 2b_3\sqrt{d_3(\beta-a)}\,(s-s_0) = \int \frac{\mathrm{d}\varphi}{\sqrt{1-m_3^2\sin^2\varphi}},$$

则有解

$$q_{12}(x,t) = \pm \sqrt{\frac{1}{2b_3}\left\{ \frac{\beta-\gamma\mathrm{sn}^2\left[c_{10}(x-2at-s_0),m_3^2\right]}{\mathrm{cn}^2\left[c_{10}(x-2at-s_0),m_3^2\right]} -a \right\}} \mathrm{e}^{\mathrm{i}(x+\omega t)}.$$

（2）当 $b_2<0,b_3>0,a<z<\gamma$ 时，做变换 $z=a+(\gamma-a)\sin^2\varphi$，得

$$\pm 2b_3\sqrt{d_3(\beta-a)}\,(s-s_0) = \int \frac{\mathrm{d}\varphi}{\sqrt{1-m_3^2\sin^2\varphi}},$$

则有解

$$q_{13}(x,t) = \pm \sqrt{\frac{\gamma-a}{2b_3}} \mathrm{sn}\left[c_{10}(x-2at-s_0),m_3^2\right] \mathrm{e}^{\mathrm{i}(x+\omega t)}.$$

（3）当 $b_2>0,b_3<0,z<a$ 时，做变换 $z=(a-\gamma\sin^2\varphi)/\cos^2\varphi$，得

40

$$\pm 2b_3 \sqrt{-d_3(\beta-a)} \, (s-s_0) = \int \frac{\mathrm{d}\varphi}{\sqrt{1-m_4^2\sin^2\varphi}} \quad ,$$

则有解

$$q_{14}(x,t) = \pm \sqrt{\frac{1}{2b_3}\left\{\frac{a-\gamma\mathrm{sn}^2\left[c_{11}(x-2at-s_0),m_4^2\right]}{\mathrm{cn}^2\left[c_{11}(x-2at-s_0),m_4^2\right]}-a\right\}} \ \mathrm{e}^{\mathrm{i}(x+\omega t)}.$$

（4）当 $b_2>0, b_3>0, \gamma<z<\beta$ 时,做变换 $z=\beta+(\gamma-\beta)\sin^2\varphi$,得

$$\pm 2b_3 \sqrt{-d_3(\beta-a)} \, (s-s_0) = \int \frac{\mathrm{d}\varphi}{\sqrt{1-m_4^2\sin^2\varphi}},$$

则有解

$$q_{15}(x,t) = \pm \sqrt{\frac{\beta+(\gamma-\beta)\mathrm{sn}^2\left[c_{11}(x-2at-s_0),m_4^2\right]-a}{2b_3}} \ \mathrm{e}^{\mathrm{i}(x+\omega t)}.$$

证明完毕.

定理 3.11 设 $h(z)=d_3(z-\beta)(z-\gamma)$,其中 β 和 γ 为实数,且 $\gamma<a<\beta$.

（1）当 $b_2<0, b_3>0, \beta<z$ 时,则方程(3-2)有精确解

$$q_{16}(x,t) = \pm \sqrt{\frac{1}{2b_3}\left\{\frac{\beta-a\mathrm{sn}^2\left[c_{12}(x-2at-s_0),m_5^2\right]}{\mathrm{cn}^2\left[c_{12}(x-2at-s_0),m_5^2\right]}-a\right\}} \ \mathrm{e}^{\mathrm{i}(x+\omega t)}. \tag{3-37}$$

（2）当 $b_2<0, b_3<0, \gamma<z<a$ 时,则方程(3-2)有精确解

$$q_{17}(x,t) = \pm \sqrt{\frac{\gamma+(a-\gamma)\mathrm{sn}^2\left[c_{12}(x-2at-s_0),m_5^2\right]-a}{2b_3}} \ \mathrm{e}^{\mathrm{i}(x+\omega t)}. \tag{3-38}$$

（3）当 $b_2>0, b_3<0, z<\gamma$ 时,则方程(3-2)有精确解

$$q_{18}(x,t) = \pm \sqrt{\frac{1}{2b_3}\left\{\frac{\gamma-a\mathrm{sn}^2\left[c_{13}(x-2at-s_0),m_6^2\right]}{\mathrm{cn}^2\left[c_{13}(x-2at-s_0),m_6^2\right]}-a\right\}} \ \mathrm{e}^{\mathrm{i}(x+\omega t)}. \tag{3-39}$$

（4）当 $b_2>0, b_3>0, a<z<\beta$ 时,则方程(3-2)有精确解

$$q_{19}(x,t) = \pm \sqrt{\frac{\beta+(a-\beta)\mathrm{sn}^2\left[c_{13}(x-2at-s_0),m_6^2\right]-a}{2b_3}} \ \mathrm{e}^{\mathrm{i}(x+\omega t)}. \tag{3-40}$$

其中

$$m_5 = \sqrt{\frac{a-\gamma}{\beta-\gamma}},$$

$$m_6 = \sqrt{\frac{\beta-a}{\beta-\gamma}},$$

$$c_{12} = 2b_3\sqrt{d_3(\beta-\gamma)},$$

$$c_{13} = 2b_3\sqrt{-d_3(\beta-\gamma)}.$$

证明 （1）当 $b_2<0,b_3>0,\beta<z$ 时，做变换 $z=(\beta-a\sin^2\varphi)/\cos^2\varphi$，得

$$\pm 2b_3\sqrt{d_3(\beta-\gamma)}\,(s-s_0)=\int\frac{\mathrm{d}\varphi}{\sqrt{1-m_5^2\sin^2\varphi}},$$

则有解

$$q_{16}(x,t)=\pm\sqrt{\frac{1}{2b_3}\left\{\frac{\beta-\alpha\mathrm{sn}^2\left[c_{12}(x-2at-s_0),m_5^2\right]}{\mathrm{cn}^2\left[c_{12}(x-2at-s_0),m_5^2\right]}-a\right\}}\,\mathrm{e}^{\mathrm{i}(x+\omega t)}.$$

（2）当 $b_2<0,b_3<0,\gamma<z<a$ 时，做变换 $z=\gamma+(a-\gamma)\sin^2\varphi$，得

$$\pm 2b_3\sqrt{d_3(\beta-\gamma)}\,(s-s_0)=\int\frac{\mathrm{d}\varphi}{\sqrt{1-m_5^2\sin^2\varphi}},$$

则有解

$$q_{17}(x,t)=\pm\sqrt{\frac{\gamma+(a-\gamma)\mathrm{sn}^2\left[c_{12}(x-2at-s_0),m_5^2\right]-a}{2b_3}}\,\mathrm{e}^{\mathrm{i}(x+\omega t)}.$$

（3）当 $b_2>0,b_3<0,z<\gamma$ 时，做变换 $z=(\gamma-a\sin^2\varphi)/\cos^2\varphi$，得

$$\pm 2b_3\sqrt{-d_3(\beta-\gamma)}\,(s-s_0)=\int\frac{\mathrm{d}\varphi}{\sqrt{1-m_6^2\sin^2\varphi}},$$

则有解

$$q_{18}(x,t)=\pm\sqrt{\frac{1}{2b_3}\left\{\frac{\gamma-\alpha\mathrm{sn}^2\left[c_{13}(x-2at-s_0),m_6^2\right]}{\mathrm{cn}^2\left[c_{13}(x-2at-s_0),m_6^2\right]}-a\right\}}\,\mathrm{e}^{\mathrm{i}(x+\omega t)}.$$

（4）当 $b_2>0,b_3>0,a<z<\beta$ 时，做变换 $z=\beta+(a-\beta)\sin^2\varphi$，得

$$\pm 2b_3\sqrt{-d_3(\beta-\gamma)}\,(s-s_0)=\int\frac{\mathrm{d}\varphi}{\sqrt{1-m_6^2\sin^2\varphi}},$$

则有解

$$q_{19}(x,t)=\pm\sqrt{\frac{\beta+(a-\beta)\mathrm{sn}^2\left[c_{13}(x-2at-s_0),m_6^2\right]-a}{2b_3}}\,\mathrm{e}^{\mathrm{i}(x+\omega t)}.$$

证明完毕.

定理 3.12 设 $h(z)=d_3z^2+d_2z+d_1$，$d_2^2-4d_1d_3<0$.

（1）当 $b_2<0,b_3>0,z>a$ 时，则方程（3-2）有精确解

$$q_{20}(x,t)=\pm\sqrt{\frac{\delta}{2b_3}}\,\frac{\mathrm{sn}[c_{14}(x-2at-s_0),m_7^2]}{1+\mathrm{cn}[c_{14}(x-2at-s_0),m_7^2]}\,\mathrm{e}^{\mathrm{i}(x+\omega t)}. \qquad (3-41)$$

（2）当 $b_2>0,b_3<0,z<a$ 时，则方程（3-2）有精确解

$$q_{21}(x,t)=\pm\sqrt{-\frac{\delta}{2b_3}}\,\frac{\mathrm{sn}[c_{15}(x-2at-s_0),m_8^2]}{1+\mathrm{cn}[c_{15}(x-2at-s_0),m_8^2]}\,\mathrm{e}^{\mathrm{i}(x+\omega t)}. \qquad (3-42)$$

其中

$$p=\frac{d_2}{d_3}\ ,$$

$$q=\frac{d_1}{d_3}\ ,$$

$$\delta=\sqrt{a^2+pa+q}\ ,$$

$$m_7=\sqrt{\frac{2\delta-2a-p}{4\delta}}\ ,$$

$$m_8=\sqrt{\frac{2\delta-2a-q}{4\delta}}\ ,$$

$$c_{14}=4b_3\sqrt{\delta d_3}\ ,$$

$$c_{15}=4b_3\sqrt{-\delta d_3}\ .$$

证明 （1）当 $b_2<0,b_3>0,z>a$ 时，做变换 $z=a+\delta\tan^2\dfrac{\varphi}{2}$，得

$$\pm4b_3\sqrt{\delta d_3}\,(s-s_0)=\int\frac{\mathrm{d}\varphi}{\sqrt{1-m_7^2\sin^2\varphi}},$$

则有解

$$q_{20}(x,t)=\pm\sqrt{\frac{\delta}{2b_3}}\,\frac{\mathrm{sn}[c_{14}(x-2at-s_0),m_7^2]}{1+\mathrm{cn}[c_{14}(x-2at-s_0),m_7^2]}\,\mathrm{e}^{\mathrm{i}(x+\omega t)}.$$

（2）当 $b_2>0,b_3<0,z<a$ 时，做变换 $z=a-\delta\tan^2\dfrac{\varphi}{2}$，得

$$\pm 4b_3\sqrt{-\delta d_3}\,(s-s_0)=\int \frac{\mathrm{d}\varphi}{\sqrt{1-m_8^2\sin^2\varphi}},$$

则有解

$$q_{21}(x,t)=\pm\sqrt{-\frac{\delta}{2b_3}}\,\frac{\mathrm{sn}\left[\,c_{15}(x-2at-s_0)\,,m_8^2\,\right]}{1+\mathrm{cn}\left[\,c_{15}(x-2at-s_0)\,,m_8^2\,\right]}\mathrm{e}^{\mathrm{i}(x+\omega t)}.$$

证明完毕.

由以上解可知, $q_1(x,t)$, $q_5(x,t)$, $q_6(x,t)$ 为双曲函数解, $q_2(x,t)$, $q_4(x,t)$, $q_7(x,t)$ 为三角函数解, $q_3(x,t)$ 为有理函数解, $q_8(x,t)\sim q_{21}(x,t)$ 为椭圆函数解.

若 $d_0\neq 0$, 则式(4-20)可化为

$$\pm 4b_3(s-s_0)=\int\sqrt{\frac{z}{(z-a)F(z)}}\,\mathrm{d}z,\tag{3-43}$$

其中 $F(z)=d_3 z^3+d_2 z^2+d_1 z+d_0$, $F(z)$ 的判别系统仍可由定理 1.1 得到. 因此要求方程 (3-2)的精确解, 只需求解方程(3-43)即可.

定理 3.13 设 $F(z)=d_3(z-\beta)^2(z-a)$, 其中 β 是实数, $d_3>0$.

(1)当 $a>0$, $\beta>0$ 时, 则方程(3-2)有精确解

$$\pm 4b_3\sqrt{d_3}\,(s-s_0)=\frac{\sqrt{\beta}}{\beta-a}\ln\left|\frac{\sqrt{a+2b_3 g^2}-\sqrt{\beta}}{\sqrt{a+2b_3 g^2}+\sqrt{\beta}}\right|-\frac{\sqrt{a}}{\beta-a}\ln\left|\frac{\sqrt{a+2b_3 g^2}-\sqrt{a}}{\sqrt{a+2b_3 g^2}+\sqrt{a}}\right|.\tag{3-44}$$

(2)当 $a>0$, $\beta<0$ 时, 则方程(3-2)有精确解

$$\pm 4b_3\sqrt{d_3}\,(s-s_0)=\frac{-2\sqrt{-\beta}}{\beta-a}\arctan\sqrt{\frac{a+2b_3 g^2}{-\beta}}-\frac{\sqrt{a}}{\beta-a}\ln\left|\frac{\sqrt{a+2b_3 g^2}-\sqrt{a}}{\sqrt{a+2b_3 g^2}+\sqrt{a}}\right|.\tag{3-45}$$

(3)当 $a<0$, $\beta>0$ 时, 则方程(3-2)有精确解

$$\pm 4b_3\sqrt{d_3}\,(s-s_0)=\frac{\sqrt{\beta}}{\beta-a}\ln\left|\frac{\sqrt{a+2b_3 g^2}-\sqrt{\beta}}{\sqrt{a+2b_3 g^2}+\sqrt{\beta}}\right|+\frac{2\sqrt{-a}}{\beta-a}\arctan\sqrt{\frac{a+2b_3 g^2}{-a}}.\tag{3-46}$$

(4)当 $a<0$, $\beta<0$ 时, 则方程(3-2)有精确解

$$\pm 4b_3\sqrt{d_3}\,(s-s_0)=\frac{-2\sqrt{-\beta}}{\beta-a}\arctan\sqrt{\frac{a+2b_3 g^2}{-\beta}}+\frac{2\sqrt{-a}}{\beta-a}\arctan\sqrt{\frac{a+2b_3 g^2}{-a}}.\tag{3-47}$$

证明 当 $F(z)=d_3(z-\beta)^2(z-a)$, $d_3>0$ 时, 此时 $z>a$, 则方程(3-43)化为

$$\pm 4b_3\sqrt{d_3}\,(s-s_0)=\int\frac{\sqrt{z}}{(z-\beta)(z-a)}\,\mathrm{d}z,$$

作代换 $u=\sqrt{z}$，则

$$\pm 4b_3\sqrt{d_3}\,(s-s_0)=\frac{2\beta}{\beta-a}\int\frac{\mathrm{d}u}{u^2-\beta}-\frac{2a}{\beta-a}\int\frac{\mathrm{d}u}{u^2-a}.$$

（1）当 $a>0,\beta>0$ 时，

$$\pm 4b_3\sqrt{d_3}\,(s-s_0)=\frac{\sqrt{\beta}}{\beta-a}\ln\left|\frac{u-\sqrt{\beta}}{u+\sqrt{\beta}}\right|-\frac{\sqrt{a}}{\beta-a}\ln\left|\frac{u-\sqrt{a}}{u+\sqrt{a}}\right|,$$

则有解

$$\pm 4b_3\sqrt{d_3}\,(s-s_0)=\frac{\sqrt{\beta}}{\beta-a}\ln\left|\frac{\sqrt{a+2b_3g^2}-\sqrt{\beta}}{\sqrt{a+2b_3g^2}+\sqrt{\beta}}\right|-\frac{\sqrt{a}}{\beta-a}\ln\left|\frac{\sqrt{a+2b_3g^2}-\sqrt{a}}{\sqrt{a+2b_3g^2}+\sqrt{a}}\right|.$$

（2）当 $a>0,\beta<0$ 时，

$$\pm 4b_3\sqrt{d_3}\,(s-s_0)=\frac{-2\sqrt{-\beta}}{\beta-a}\arctan\frac{u}{\sqrt{-\beta}}-\frac{\sqrt{a}}{\beta-a}\ln\left|\frac{u-\sqrt{a}}{u+\sqrt{a}}\right|,$$

则有解

$$\pm 4b_3\sqrt{d_3}\,(s-s_0)=\frac{-2\sqrt{-\beta}}{\beta-a}\arctan\sqrt{\frac{a+2b_3g^2}{-\beta}}-\frac{\sqrt{a}}{\beta-a}\ln\left|\frac{\sqrt{a+2b_3g^2}-\sqrt{a}}{\sqrt{a+2b_3g^2}+\sqrt{a}}\right|.$$

（3）当 $a<0,\beta<0$ 时，

$$\pm 4b_3\sqrt{d_3}\,(s-s_0)=\frac{\sqrt{\beta}}{\beta-a}\ln\left|\frac{u-\sqrt{\beta}}{u+\sqrt{\beta}}\right|+\frac{2\sqrt{-a}}{\beta-a}\arctan\frac{u}{\sqrt{-a}},$$

则有解

$$\pm 4b_3\sqrt{d_3}\,(s-s_0)=\frac{\sqrt{\beta}}{\beta-a}\ln\left|\frac{\sqrt{a+2b_3g^2}-\sqrt{\beta}}{\sqrt{a+2b_3g^2}+\sqrt{\beta}}\right|+\frac{2\sqrt{-a}}{\beta-a}\arctan\sqrt{\frac{a+2b_3g^2}{-a}}.$$

（4）当 $a<0,\beta<0$ 时，

$$\pm 4b_3\sqrt{d_3}\,(s-s_0)=\frac{-2\sqrt{-\beta}}{\beta-a}\arctan\frac{u}{\sqrt{-\beta}}+\frac{2\sqrt{-a}}{\beta-a}\arctan\frac{u}{\sqrt{-a}},$$

则有解

$$\pm 4b_3\sqrt{d_3}\,(s-s_0)=\frac{-2\sqrt{-\beta}}{\beta-a}\arctan\sqrt{\frac{a+2b_3g^2}{-\beta}}+\frac{2\sqrt{-a}}{\beta-a}\arctan\sqrt{\frac{a+2b_3g^2}{-a}}.$$

证明完毕.

定理 3.14 设 $F(z)=d_3(z-\beta)^2(z-a)$，其中 β 是实数，$d_3<0$.

（1）当 $a>0,\beta>0$ 时，则方程（3-2）有精确解

$$\pm 4b_3\sqrt{-d_3}\,(s-s_0)=\frac{-2\sqrt{\beta}}{\beta-a}\arctan\sqrt{\frac{a+2b_3g^2}{\beta}}+\frac{2\sqrt{a}}{\beta-a}\arctan\sqrt{\frac{a+2b_3g^2}{a}}\ . \qquad(3-48)$$

（2）当 $a>0,\beta<0$ 时，则方程（3-2）有精确解

$$\pm 4b_3\sqrt{-d_3}\,(s-s_0)=\frac{\sqrt{-\beta}}{\beta-a}\ln\left|\frac{\sqrt{-a-2b_3g^2}-\sqrt{-\beta}}{\sqrt{-a-2b_3g^2}+\sqrt{-\beta}}\right|+\frac{2\sqrt{a}}{\beta-a}\arctan\frac{\sqrt{-a-2b_3g^2}}{\sqrt{a}}\ . \qquad(3-49)$$

（3）当 $a<0,\beta>0$ 时，则方程（3-2）有精确解

$$\pm 4b_3\sqrt{-d_3}\,(s-s_0)=\frac{-2\sqrt{\beta}}{\beta-a}\arctan\frac{\sqrt{-a-2b_3g^2}}{\sqrt{\beta}}-\frac{\sqrt{-a}}{\beta-a}\ln\left|\frac{\sqrt{-a-2b_3g^2}-\sqrt{-a}}{\sqrt{-a-2b_3g^2}+\sqrt{-a}}\right|. \qquad(3-50)$$

（4）当 $a<0,\beta<0$ 时，则方程（3-2）有精确解

$$\pm 4b_3\sqrt{-d_3}\,(s-s_0)=\frac{\sqrt{-\beta}}{\beta-a}\ln\left|\frac{\sqrt{-a-2b_3g^2}-\sqrt{-\beta}}{\sqrt{-a-2b_3g^2}+\sqrt{-\beta}}\right|-\frac{\sqrt{-a}}{\beta-a}\ln\left|\frac{\sqrt{-a-2b_3g^2}-\sqrt{-a}}{\sqrt{-a-2b_3g^2}+\sqrt{-a}}\right|.$$

证明 当 $F(z)=d_3(z-\beta)^2(z-a)$，$d_3<0$ 时，此时 $z<a$，则（3-43）化为

$$\pm 4b_3\sqrt{-d_3}\,(s-s_0)=\int\frac{\sqrt{-z}}{(z-\beta)(z-a)}\,\mathrm{d}z,$$

作代换 $u=\sqrt{-z}$，则

$$\pm 4b_3\sqrt{-d_3}\,(s-s_0)=\frac{-2\beta}{\beta-a}\int\frac{\mathrm{d}u}{u^2+\beta}+\frac{2a}{\beta-a}\int\frac{\mathrm{d}u}{u^2+a}\ .$$

（1）当 $a>0,\beta>0$ 时，

$$\pm 4b_3\sqrt{-d_3}\,(s-s_0)=\frac{-2\sqrt{\beta}}{\beta-a}\arctan\frac{u}{\sqrt{\beta}}+\frac{2\sqrt{a}}{\beta-a}\arctan\frac{u}{\sqrt{a}}\ ,$$

则有解

$$\pm 4b_3\sqrt{-d_3}\,(s-s_0)=\frac{-2\sqrt{\beta}}{\beta-a}\arctan\sqrt{\frac{a+2b_3g^2}{\beta}}+\frac{2\sqrt{a}}{\beta-a}\arctan\sqrt{\frac{a+2b_3g^2}{a}}\ .$$

（2）当 $a>0,\beta<0$ 时，

$$\pm 4b_3\sqrt{-d_3}\,(s-s_0)=\frac{\sqrt{-\beta}}{\beta-a}\ln\left|\frac{u-\sqrt{-\beta}}{u+\sqrt{-\beta}}\right|+\frac{2\sqrt{a}}{\beta-a}\arctan\frac{u}{\sqrt{a}}\ ,$$

则有解

$$\pm 4b_3 \sqrt{-d_3}\,(s-s_0) = \frac{\sqrt{-\beta}}{\beta-a}\ln\left|\frac{\sqrt{-a-2b_3g^2}-\sqrt{-\beta}}{\sqrt{-a-2b_3g^2}+\sqrt{-\beta}}\right| + \frac{2\sqrt{a}}{\beta-a}\arctan\frac{\sqrt{-a-2b_3g^2}}{\sqrt{a}}.$$

（3）当 $a<0,\beta>0$ 时，

$$\pm 4b_3 \sqrt{-d_3}\,(s-s_0) = \frac{-2\sqrt{\beta}}{\beta-a}\arctan\frac{u}{\sqrt{\beta}} - \frac{\sqrt{-a}}{\beta-a}\ln\left|\frac{u-\sqrt{-a}}{u+\sqrt{-a}}\right|,$$

则有解

$$\pm 4b_3 \sqrt{-d_3}\,(s-s_0) = \frac{-2\sqrt{\beta}}{\beta-a}\arctan\frac{\sqrt{-a-2b_3g^2}}{\sqrt{\beta}} - \frac{\sqrt{-a}}{\beta-a}\ln\left|\frac{\sqrt{-a-2b_3g^2}-\sqrt{-a}}{\sqrt{-a-2b_3g^2}+\sqrt{-a}}\right|.$$

（4）当 $a<0,\beta<0$ 时，

$$\pm 4b_3 \sqrt{-d_3}\,(s-s_0) = \frac{\sqrt{-\beta}}{\beta-a}\ln\left|\frac{u-\sqrt{-\beta}}{u+\sqrt{-\beta}}\right| - \frac{\sqrt{-a}}{\beta-a}\ln\left|\frac{u-\sqrt{-a}}{u+\sqrt{-a}}\right|,$$

则有解

$$\pm 4b_3 \sqrt{-d_3}\,(s-s_0) = \frac{\sqrt{-\beta}}{\beta-a}\ln\left|\frac{\sqrt{-a-2b_3g^2}-\sqrt{-\beta}}{\sqrt{-a-2b_3g^2}+\sqrt{-\beta}}\right| - \frac{\sqrt{-a}}{\beta-a}\ln\left|\frac{\sqrt{-a-2b_3g^2}-\sqrt{-a}}{\sqrt{-a-2b_3g^2}+\sqrt{-a}}\right|.$$

证明完毕.

定理 3.15 设 $F(z)=d_3(z-a)^3$.

（1）当 $d_3>0,a>0$ 时，则方程（3-2）有精确解

$$\pm 4b_3 \sqrt{d_3}\,(s-s_0) = \frac{\sqrt{a+2b_3g^2}}{-2b_3g^2} - \frac{1}{2\sqrt{a}}\ln\left|\frac{\sqrt{a}+\sqrt{a+2b_3g^2}}{\sqrt{a}-\sqrt{a+2b_3g^2}}\right|. \tag{3-51}$$

（2）当 $d_3>0,a<0$ 时，则方程（3-2）有精确解

$$\pm 4b_3 \sqrt{d_3}\,(s-s_0) = \frac{\sqrt{a+2b_3g^2}}{-2b_3g^2} + \frac{1}{\sqrt{-a}}\arctan\frac{\sqrt{a+2b_3g^2}}{\sqrt{-a}}. \tag{3-52}$$

（3）当 $d_3<0,a>0$ 时，则方程（3-2）有精确解

$$\pm 4b_3 \sqrt{-d_3}\,(s-s_0) = \frac{\sqrt{-a-2b_3g^2}}{-2b_3g^2} - \frac{1}{\sqrt{a}}\arctan\frac{\sqrt{-a-2b_3g^2}}{\sqrt{a}}. \tag{3-53}$$

（4）当 $d_3<0,a<0$ 时，则方程（3-2）有精确解

$$\pm 4b_3\sqrt{-d_3}\,(s-s_0)=\frac{\sqrt{-a-2b_3g^2}}{2b_3g^2}+\frac{1}{2\sqrt{-a}}\ln\left|\frac{\sqrt{-a}+\sqrt{-a-2b_3g^2}}{\sqrt{-a}-\sqrt{-a-2b_3g^2}}\right|. \quad (3-54)$$

证明 当 $F(z)=d_3(z-a)^3$，$d_3>0$ 时，此时 $z>a$，则（3-43）化为

$$\pm 4b_3\sqrt{d_3}\,(s-s_0)=\int\frac{\sqrt{z}}{(z-a)^2}\,\mathrm{d}z,$$

作代换 $u=\sqrt{z}$，则

$$\pm 4b_3\sqrt{d_3}\,(s-s_0)=\int\frac{2u^2}{(u^2-a)^2}\,\mathrm{d}u.$$

（1）当 $a>0$ 时，

$$\pm 4b_3\sqrt{d_3}\,(s-s_0)=\frac{u}{a-u^2}-\frac{1}{2\sqrt{a}}\ln\left|\frac{\sqrt{a}+u}{\sqrt{a}-u}\right|,$$

则有解

$$\pm 4b_3\sqrt{d_3}\,(s-s_0)=\frac{\sqrt{a+2b_3g^2}}{-2b_3g^2}-\frac{1}{2\sqrt{a}}\ln\left|\frac{\sqrt{a}+\sqrt{a+2b_3g^2}}{\sqrt{a}-\sqrt{a+2b_3g^2}}\right|.$$

（2）当 $a<0$ 时，

$$\pm 4b_3\sqrt{d_3}\,(s-s_0)=\frac{u}{a-u^2}+\frac{1}{\sqrt{-a}}\arctan\frac{u}{\sqrt{-a}},$$

则有解

$$\pm 4b_3\sqrt{d_3}\,(s-s_0)=\frac{\sqrt{a+2b_3g^2}}{-2b_3g^2}+\frac{1}{\sqrt{-a}}\arctan\frac{\sqrt{a+2b_3g^2}}{\sqrt{-a}}.$$

当 $F(z)=d_3(z-a)^3$，$d_3<0$ 时，此时 $z<a$，则（3-43）化为

$$\pm 4b_3\sqrt{-d_3}\,(s-s_0)=\int\frac{\sqrt{-z}}{(z-a)^2}\,\mathrm{d}z,$$

作代换 $u=\sqrt{-z}$，则

$$\pm 4b_3\sqrt{-d_3}\,(s-s_0)=\int\frac{-2u^2}{(u^2+a)^2}\,\mathrm{d}u.$$

（3）当 $a>0$ 时，

$$\pm 4b_3\sqrt{-d_3}\,(s-s_0)=\frac{u}{a+u^2}-\frac{1}{\sqrt{a}}\arctan\frac{u}{\sqrt{a}},$$

48

则有解

$$\pm 4b_3\sqrt{-d_3}\,(s-s_0)=\frac{\sqrt{-a-2b_3g^2}}{-2b_3g^2}-\frac{1}{\sqrt{a}}\arctan\frac{\sqrt{-a-2b_3g^2}}{\sqrt{a}}\ .$$

（4）当 $a<0$ 时，

$$\pm 4b_3\sqrt{-d_3}\,(s-s_0)=-\frac{u}{a+u^2}+\frac{1}{2\sqrt{-a}}\ln\left|\frac{\sqrt{-a}+u}{\sqrt{-a}-u}\right|,$$

则有解

$$\pm 4b_3\sqrt{-d_3}\,(s-s_0)=\frac{\sqrt{-a-2b_3g^2}}{2b_3g^2}+\frac{1}{2\sqrt{-a}}\ln\left|\frac{\sqrt{-a}+\sqrt{-a-2b_3g^2}}{\sqrt{-a}-\sqrt{-a-2b_3g^2}}\right|.$$

证明完毕.

定理 3.16 设 $F(z)=d_3(z-a)^2(z-\gamma)$，其中 γ 为实数，且 $d_3>0$.

（1）当 $z>a>\gamma>0$ 时，则方程（3-2）有精确解

$$\pm 4b_3\sqrt{d_3}\,(s-s_0)=\frac{2\sqrt{a}}{a-\gamma}\left[\frac{a-\gamma}{a}F\left(\mu,\sqrt{\frac{\gamma}{a}}\right)-E\left(\mu,\sqrt{\frac{\gamma}{a}}\right)-\sqrt{1-\frac{\gamma}{a}\sin^2\mu}\ \cot\mu\right].$$

$$(3-55)$$

（2）当 $a>\gamma>z>0$ 时，则方程（3-2）有精确解

$$\pm 4b_3\sqrt{d_3}\,(s-s_0)=-\frac{2}{\sqrt{a}}F\left(\kappa,\sqrt{\frac{\gamma}{a}}\right)+\frac{2}{\sqrt{a}}\Pi\left(\kappa,-\frac{\gamma}{a},\sqrt{\frac{\gamma}{a}}\right),\qquad(3-56)$$

其中

$$\mu=\arcsin\sqrt{\frac{2b_3g^2}{a+2b_3g^2-\gamma}}\,,\quad\kappa=\arcsin\sqrt{\frac{a+2b_3g^2}{\gamma}}\ .$$

证明 （1）作代换

$$z=\frac{a-\gamma\sin^2\mu}{\cos^2\mu}\,,\qquad(3-57)$$

则方程(3-43)可化为

$$\pm 4b_3\sqrt{d_3}\,(s-s_0)=\frac{2\sqrt{a}}{a-\gamma}\int\frac{\sqrt{1-\dfrac{\gamma}{a}\sin^2\mu}}{\sin^2\mu}\mathrm{d}\mu,$$

从而

$$\pm 4b_3\sqrt{d_3}\,(s-s_0) = \frac{2\sqrt{a}}{a-\gamma}\left[\frac{a-\gamma}{a}F\left(\mu,\sqrt{\frac{\gamma}{a}}\right)-E\left(\mu,\sqrt{\frac{\gamma}{a}}\right)-\sqrt{1-\frac{\gamma}{a}\sin^2\mu}\,\cot\mu\right],$$

由方程(3-57)得

$$\mu=\arcsin\sqrt{\frac{z-a}{z-\gamma}}=\arcsin\sqrt{\frac{2b_3g^2}{a+2b_3g^2-\gamma}}.$$

（2）作代换

$$z=\gamma\sin^2\kappa, \tag{3-58}$$

则方程(3-43)可化为

$$\pm 4b_3\sqrt{d_3}\,(s-s_0)=-\frac{2}{\sqrt{a}}\int\frac{\mathrm{d}\kappa}{\sqrt{1-\frac{\gamma}{a}\sin^2\kappa}}+\frac{2}{\sqrt{a}}\int\frac{\mathrm{d}\kappa}{\left(1-\frac{\gamma}{a}\sin^2\kappa\right)^3},$$

从而

$$\pm 4b_3\sqrt{d_3}\,(s-s_0)=-\frac{2}{\sqrt{a}}F\left(\kappa,\sqrt{\frac{\gamma}{a}}\right)+\frac{2}{\sqrt{a}}\Pi\left(\kappa,-\frac{\gamma}{a},\sqrt{\frac{\gamma}{a}}\right),$$

由方程(3-58)得

$$\kappa=\arcsin\sqrt{\frac{z}{\gamma}}=\arcsin\sqrt{\frac{a+2b_3g^2}{\gamma}}.$$

证明完毕.

对于 NLSE 方程(3-2),构造了丰富的精确包络行波解,得到了光波在非局部抛物律介质中的传播表现为孤子行为和周期模式.根据不同的参数,可以确定相应的波传播模式.因此,本书为实际参数的选择提供了具体的理论指导.

4 耦合试探方程法及其应用

在第 3 章中,通过提出复试探方程法解决了两类非线性 Schrödinger 方程的精确求解问题,本章继续推广试探方程法至耦合试探方程方法,将耦合 Kaup-Boussinesq 方程组和耦合 Kaup-Boussinesq Ⅱ 方程组转化初等积分的形式,然后利用多项式完全判别系统对其解进行分类,得到了耦合 Kaup-Boussinesq 方程组的 6 组精确的单行波解和耦合 Kaup-Boussinesq Ⅱ 方程组的 13 组精确的单行波解.

(1)一般的 Kaup-Boussinesq 方程组

$$\begin{cases} u_t = u_{xxx} + 2(uv)_x, \\ v_t = u_x + 2vv_x, \end{cases} \tag{4-1}$$

描述了浅水波的运动,其中 $u(x,t)$ 是水平面以上水面的高度,$v(x,t)$ 是水平速度.

学者们从多个方面研究了这个非线性方程组的解,Smirnov 得到了它的实有限间隙正则解,Borisov 等研究了其扩散形式,Kamchatnov 等构造了渐近孤子解,Hosseini 等利用首次积分法得到了其精确解,Zhou 等利用分支方法研究了其孤立波解等.

(2)Liao 等利用同伦分析方法研究了如下描述浅水波运动的 Kaup-Bouss-inesq Ⅱ 方程组

$$\begin{cases} u_{xxt} + (uu_{xx} + u_x^2 + u^2 + 2uv)_x = 0, \\ v_t + (uv)_x = 0, \end{cases} \tag{4-2}$$

得到了其级数解.其中 $u(x,t)$ 是水平面以上水面的高度,$v(x,t)$ 是水平速度.

本章通过提出一种耦合试探方程方法,利用对称约化和多项式完全判别系统,得到了描述方程组动力学行为的精确解.特别是,当波速取为一个特殊的常数时,这两类方程组均具有周期函数解,显示了方程组具有周期动力学行为.

4.1 耦合试探方程法

考虑常系数耦合方程组

$$N_1(u,v,\partial u,\partial v,\partial^2 u,\partial^2 v,\cdots,\partial^{l_1} u,\partial^{l_2} v) = 0, \tag{4-3}$$

$$N_2(u,v,\partial u,\partial v,\partial^2 u,\partial^2 v,\cdots,\partial^{l_3} u,\partial^{l_4} v) = 0, \tag{4-4}$$

其中 u,v 是自变量 x,t 的函数，$\partial^j u[j=1,2,\cdots,\max(l_1,l_3)]$ 表示 u 对自变量 x,t 的所有 j 阶偏导数，$\partial^j v[j=1,2,\cdots,\max(l_2,l_4)]$ 表示 v 对自变量 x,t 的所有阶 j 偏导数. 基于行波变换 $u(x,t)=u(\xi),v(x,t)=v(\xi)$，其中 $\xi=x-ct$. 上述方程组成为一个耦合的常系数常微分方程组

$$M_1(u,v,u',v',u'',v'',\cdots,u^{(l_1)},v^{(l_2)})=0, \tag{4-5}$$

$$M_2(u,v,u',v',u'',v'',\cdots,u^{(l_3)},v^{(l_4)})=0, \tag{4-6}$$

做如下试探方程

$$u'=H(u), \tag{4-7}$$

$$v=G(u), \tag{4-8}$$

或者

$$v'=H(v), \tag{4-9}$$

$$u=G(v), \tag{4-10}$$

其中 H 和 G 是两个待求的未知函数. 将试探方程代入耦合方程组，求出 H 和 G. 然后对试探方程(4-7)或方程(4-9)进行积分，得

$$\xi-\xi_0=\int\frac{\mathrm{d}u}{H(u)}$$

$$v=G(u),$$

如果 H 是多项式，将使用多项式的完全判别系统来分类求解精确解.

定理 4.1　方程组(4-1)可约化为如下可积形式

$$\begin{cases}(v')^2=g(v),\\u=-v^2-cv+c_1,\end{cases} \tag{4-11}$$

其中

$$g(v)=\frac{-\dfrac{8v^5}{5}-4cv^4-\dfrac{2}{3}(5c^2-4c_1)v^3+(-c^3+4cc_1+2c_2)v^2+2c(cc_1+c_2)v+c_3}{(c+2v)^2},$$

c,c_1,c_2,c_3 为任意常数.

　　证明　做行波变换 $u=u(\xi),v=v(\xi),\xi=x-ct$，得

$$\begin{cases}-cu'=u'''+2(uv)',\\-cv'=u'+2vv',\end{cases}$$

将其积分，得

52

$$\begin{cases} -cu = u'' + 2uv + c_2, \\ -cv + c_1 = u + v^2, \end{cases}$$

这里 c_1 和 c_2 是任意常数,上面的方程组变成

$$2(v')^2 + (c+2v)v'' + 2v^3 + 3cv^2 + (c^2-2c_1)v - cc_1 - c_2 = 0, \qquad (4-12)$$

取试探方程

$$v' = H(v),$$

式(4-12)化为

$$2H^2 + \left(\frac{c}{2} + v\right)(H^2)' + 2v^3 + 3cv^2 + (c^2-2c_1)v - cc_1 - c_2 = 0,$$

再作变换

$$H^2 = W,$$

得

$$W'(v) + \frac{4}{c+2v}W(v) = \frac{-4v^3 - 6cv^2 - 2(c^2-2c_1)v + 2cc_1 + 2c_2}{c+2v},$$

这是一阶线性非齐次微分方程,其通解为

$$W(v) = \frac{-\dfrac{8v^5}{5} - 4cv^4 - \dfrac{2}{3}(5c^2-4c_1)v^3 + (-c^3+4cc_1+2c_2)v^2 + 2c(cc_1+c_2)v + c_3}{(c+2v)^2},$$

即 $(v')^2 = g(v)$,证明完毕.

定理 4.2 方程组(4-2)可约化为如下可积形式

$$\begin{cases} (u')^2 = \dfrac{-\dfrac{1}{2}u^4 + \dfrac{2}{3}cu^3 + (c_1-2c_2)u^2 - 2cc_1u + c_3}{(u-c)^2}, \\ v = G(u) = \dfrac{c_2}{u-c}, \end{cases} \qquad (4-13)$$

其中 c, c_1, c_2, c_3 为任意常数.

证明 作行波变换 $u = u(\xi), v = v(\xi), \xi = x - ct$,得

$$\begin{cases} -cu''' + [uu'' + (u')^2 + u^2 + 2uv]' = 0, \\ -cv' + (uv)' = 0, \end{cases}$$

将试探方程(4-7)和方程(4-8)代入上述方程组,并将其积分,得

53

$$\begin{cases} (u-c)H'H+H^2+u^2+2uv=c_1, \\ v=G(u)=\dfrac{c_2}{u-c}, \end{cases}$$

这里 c_1 和 c_2 是任意常数,上面的方程组变成

$$(u-c)H'H+H^2+u^2+\frac{2uc_2}{u-c}=c_1,$$

再作变换

$$H^2=W,$$

得

$$W'(u)+\frac{2}{u-c}W(u)=\frac{2\left(c_1-u^2-\dfrac{2uc_2}{u-c}\right)}{u-c},$$

这是一阶线性非齐次微分方程,其通解为

$$W(u)=\frac{-\dfrac{1}{2}u^4+\dfrac{2}{3}cu^3+(2c_1-2c_2)u^2-2cc_1u+c_3}{(u-c)^2},$$

即

$$(u')^2=H^2(u)=\frac{-\dfrac{1}{2}u^4+\dfrac{2}{3}cu^3+(c_1-2c_2)u^2-2cc_1u+c_3}{(u-c)^2},$$

证明完毕.

4.2 耦合 Kaup–Boussinesq 方程组的精确解

重写方程组(4-11)的第一个方程为初等积分形式

$$\pm\frac{\sqrt{10}}{5}(\xi-\xi_0)=\int\frac{\left(v+\dfrac{c}{2}\right)\mathrm{d}v}{\sqrt{-F(v)}}, \qquad (4-14)$$

其中

$$F(v)=v^5+\frac{5c}{2}v^4+\frac{5}{12}(5c^2-4c_1)v^3+\frac{5}{8}(c^3-4cc_1-2c_2)v^2-\frac{5}{4}c(cc_1+c_2)v-\frac{5}{8}c_3,$$

因此要求方程(4-1)的精确解,只需求解方程(4-14)即可,根据 $F(v)$ 的完全判别

54

系统,有方程组(4-1)的如下情形的解.

定理 4.3 设 $F(v)=(v-\alpha)^2(v-\beta)^2(v-\gamma)$,其中 α,β,γ 是互不相等的实数,且 $\alpha>\beta,v<\gamma$.

(1)当 $\gamma>\alpha$ 时,则方程组(4-1)有精确解

$$\pm\frac{\sqrt{10}}{5}(\xi-\xi_0)=\frac{2\alpha+c}{2}\ln\left|\frac{\sqrt{\gamma-v}-\sqrt{\gamma-\alpha}}{\sqrt{\gamma-v}+\sqrt{\gamma-\alpha}}\right|-\frac{2\beta+c}{2}\ln\left|\frac{\sqrt{\gamma-v}-\sqrt{\gamma-\beta}}{\sqrt{\gamma-v}+\sqrt{\gamma-\beta}}\right|. \quad (4-15)$$

(2)当 $\gamma<\beta$ 时,则方程组(4-1)有精确解

$$\pm\frac{\sqrt{10}}{5}(\xi-\xi_0)=\frac{2\alpha+c}{\sqrt{\alpha-\gamma}}\arctan\frac{\sqrt{\gamma-v}}{\sqrt{\alpha-\gamma}}-\frac{2\beta+c}{\sqrt{\beta-\gamma}}\arctan\frac{\sqrt{\gamma-v}}{\sqrt{\beta-\gamma}}. \quad (4-16)$$

(3)当 $\beta<\gamma<\alpha$ 时,则方程组(4-1)有精确解

$$\pm\frac{\sqrt{10}}{5}(\xi-\xi_0)=\frac{2\alpha+c}{\sqrt{\alpha-\gamma}}\arctan\frac{\sqrt{\gamma-v}}{\sqrt{\alpha-\gamma}}-\frac{2\beta+c}{2}\ln\left|\frac{\sqrt{\gamma-v}-\sqrt{\gamma-\beta}}{\sqrt{\gamma-v}+\sqrt{\gamma-\beta}}\right|. \quad (4-17)$$

证明 作代换 $t=\sqrt{\gamma-v}$,则方程(4-14)可化为

$$\pm\frac{1}{\sqrt{2}}(\xi-\xi_0)=\int\frac{2\alpha+c}{t^2+\alpha-\gamma}dt-\int\frac{2\beta+c}{t^2+\beta-\gamma}dt. \quad (4-18)$$

(1)当 $\gamma>\alpha$ 时,式(4-18)化为

$$\pm\frac{\sqrt{10}}{5}(\xi-\xi_0)=\frac{2\alpha+c}{c}\ln\left|\frac{t-\sqrt{\gamma-\alpha}}{t+\sqrt{\gamma-\alpha}}\right|-\frac{2\beta+c}{2}\ln\left|\frac{t-\sqrt{\gamma-\beta}}{t+\sqrt{\gamma-\beta}}\right|,$$

则有解

$$\pm\frac{\sqrt{10}}{5}(\xi-\xi_0)=\frac{2\alpha+c}{c}\ln\left|\frac{\sqrt{\gamma-v}-\sqrt{\gamma-\alpha}}{\sqrt{\gamma-v}+\sqrt{\gamma-\alpha}}\right|-\frac{2\beta+c}{2}\ln\left|\frac{\sqrt{\gamma-v}-\sqrt{\gamma-\beta}}{\sqrt{\gamma-v}+\sqrt{\gamma-\beta}}\right|.$$

(2)当 $\gamma<\beta$ 时,式(4-18)化为

$$\pm\frac{\sqrt{10}}{5}(\xi-\xi_0)=\frac{2\alpha+c}{\sqrt{\alpha-\gamma}}\arctan\frac{t}{\sqrt{\alpha-\gamma}}-\frac{2\beta+c}{\sqrt{\beta-\gamma}}\arctan\frac{t}{\sqrt{\beta-\gamma}},$$

则有解

$$\pm\frac{\sqrt{10}}{5}(\xi-\xi_0)=\frac{2\alpha+c}{\sqrt{\alpha-\gamma}}\arctan\frac{\sqrt{\gamma-v}}{\sqrt{\alpha-\gamma}}-\frac{2\beta+c}{\sqrt{\beta-\gamma}}\arctan\frac{\sqrt{\gamma-v}}{\sqrt{\beta-\gamma}}.$$

(3)当 $\beta<\gamma<\alpha$ 时,式(4-18)化为

$$\pm\frac{\sqrt{10}}{5}(\xi-\xi_0)=\frac{2\alpha+c}{\sqrt{\alpha-\gamma}}\arctan\frac{t}{\sqrt{\alpha-\gamma}}-\frac{2\beta+c}{2}\ln\left|\frac{t-\sqrt{\gamma-\beta}}{t+\sqrt{\gamma-\beta}}\right|,$$

则有解

$$\pm\frac{\sqrt{10}}{5}(\xi-\xi_0)=\frac{2\alpha+c}{\sqrt{\alpha-\gamma}}\arctan\frac{\sqrt{\gamma-v}}{\sqrt{\alpha-\gamma}}-\frac{2\beta+c}{2}\ln\left|\frac{\sqrt{\gamma-v}-\sqrt{\gamma-\beta}}{\sqrt{\gamma-v}+\sqrt{\gamma-\beta}}\right|.$$

证明完毕.

定理 4.4 设 $F(v)=(v-\alpha)^3(v-\beta)^2$,其中 α,β 是实数,且 $v<\alpha$.

(1)当 $\beta>\alpha$ 时,则方程组(4-1)有精确解

$$\pm\frac{\sqrt{10}}{5}(\xi-\xi_0)=-\frac{2\alpha+c}{(\alpha+\beta)\sqrt{\alpha-v}}+\frac{2\beta-c}{(\alpha+\beta)\sqrt{\beta-\alpha}}\arctan\frac{\sqrt{\alpha-v}}{\sqrt{\beta-\alpha}}. \qquad (4-19)$$

(2)当 $\beta<\alpha$ 时,则方程组(4-1)有精确解

$$\pm\frac{\sqrt{10}}{5}(\xi-\xi_0)=-\frac{2\alpha+c}{(\alpha+\beta)\sqrt{\alpha-v}}+\frac{2\beta-c}{2(\alpha+\beta)}\ln\left|\frac{\sqrt{\alpha-v}-\sqrt{\alpha-\beta}}{\sqrt{\alpha-v}+\sqrt{\alpha-\beta}}\right|. \qquad (4-20)$$

证明 作代换 $t=\sqrt{\alpha-v}$,则式(4-14)可化为

$$\pm\frac{1}{\sqrt{2}}(\xi-\xi_0)=-\frac{2\alpha+c}{\alpha+\beta}\int\frac{1}{t^2}dt+\frac{2\beta-c}{\alpha+\beta}\int\frac{1}{t^2+\beta-\alpha}dt. \qquad (4-21)$$

(1)当 $\beta>\alpha$ 时,式(4-21)化为

$$\pm\frac{\sqrt{10}}{5}(\xi-\xi_0)=-\frac{2\alpha+c}{(\alpha+\beta)t}+\frac{2\beta-c}{(\alpha+\beta)\sqrt{\beta-\alpha}}\arctan\frac{t}{\sqrt{\beta-\alpha}},$$

则有解

$$\pm\frac{\sqrt{10}}{5}(\xi-\xi_0)=-\frac{2\alpha+c}{(\alpha+\beta)\sqrt{\alpha-v}}+\frac{2\beta-c}{(\alpha+\beta)\sqrt{\beta-\alpha}}\arctan\frac{\sqrt{\alpha-v}}{\sqrt{\beta-\alpha}},$$

(2)当 $\beta<\alpha$ 时,式(4-21)化为

$$\pm\frac{\sqrt{10}}{5}(\xi-\xi_0)=-\frac{2\alpha+c}{(\alpha+\beta)t}+\frac{2\beta-c}{2(\alpha+\beta)}\ln\left|\frac{t-\sqrt{\alpha-\beta}}{t+\sqrt{\alpha-\beta}}\right|,$$

则有解

$$\pm\frac{\sqrt{10}}{5}(\xi-\xi_0)=-\frac{2\alpha+c}{(\alpha+\beta)\sqrt{\alpha-v}}+\frac{2\beta-c}{2(\alpha+\beta)}\ln\left|\frac{\sqrt{\alpha-v}-\sqrt{\alpha-\beta}}{\sqrt{\alpha-v}+\sqrt{\alpha-\beta}}\right|.$$

证明完毕.

定理 4.5 设 $F(v) = (v-\alpha)^4(v-\beta)$,其中 α,β 是不等实数,$v<\beta$.

(1)当 $\beta>\alpha$ 时,则方程组(4-1)有精确解

$$\pm\frac{\sqrt{10}}{5}(\xi-\xi_0) = \frac{4(\alpha-\beta)+1}{2(\sqrt{\alpha-\beta})^3}\arctan\frac{\sqrt{\beta-v}}{\sqrt{\alpha-\beta}} + \frac{\sqrt{\beta-v}}{2(\alpha-\beta)(\alpha-v)} \ . \quad (4-22)$$

(2)当 $\beta<\alpha$ 时,则方程组(4-1)有精确解

$$\pm\frac{\sqrt{10}}{5}(\xi-\xi_0) = \left[1-\frac{1}{4(\sqrt{\beta-\alpha})^3}\right]\ln\left|\frac{\sqrt{\beta-v}-\sqrt{\beta-\alpha}}{\sqrt{\beta-v}+\sqrt{\beta-\alpha}}\right| + \frac{\sqrt{\beta-v}}{2(\alpha-\beta)(\alpha-v)} \ . \ (4-23)$$

证明 作代换 $t=\sqrt{\beta-v}$,则式(4-14)可化为

$$\pm\frac{1}{\sqrt{2}}(\xi-\xi_0) = \int\frac{2}{t^2+\alpha-\beta}\mathrm{d}t + \int\frac{c-2\alpha}{(t^2-\beta+\alpha)^2}\mathrm{d}t \ . \quad (4-24)$$

(1)当 $\beta>\alpha$ 时,式(4-24)化为

$$\pm\frac{\sqrt{10}}{5}(\xi-\xi_0) = \frac{4(\alpha-\beta)+1}{2(\sqrt{\alpha-\beta})^3}\arctan\frac{t}{\sqrt{\alpha-\beta}} + \frac{t}{2(\alpha-\beta)(t^2+\alpha-\beta)},$$

则有解

$$\pm\frac{\sqrt{10}}{5}(\xi-\xi_0) = \frac{4(\alpha-\beta)+1}{2(\sqrt{\alpha-\beta})^3}\arctan\frac{\sqrt{\beta-v}}{\sqrt{\alpha-\beta}} + \frac{\sqrt{\beta-v}}{2(\alpha-\beta)(\alpha-v)},$$

(2)当 $\beta<\alpha$ 时,式(4-24)化为

$$\pm\frac{\sqrt{10}}{5}(\xi-\xi_0) = \left[1-\frac{1}{4(\sqrt{\beta-\alpha})^3}\right]\ln\left|\frac{t-\sqrt{\beta-\alpha}}{t+\sqrt{\beta-\alpha}}\right| + \frac{t}{2(\alpha-\beta)(t^2+\alpha-\beta)},$$

则有解

$$\pm\frac{\sqrt{10}}{5}(\xi-\xi_0) = \left[1-\frac{1}{4(\sqrt{\beta-\alpha})^3}\right]\ln\left|\frac{\sqrt{\beta-v}-\sqrt{\beta-\alpha}}{\sqrt{\beta-v}+\sqrt{\beta-\alpha}}\right| + \frac{\sqrt{\beta-v}}{2(\alpha-\beta)(\alpha-v)} \ .$$

证明完毕.

定理 4.6 设 $F(v) = (v-\alpha)^5$,$v<\alpha$,则方程组(4-1)有精确解

$$\pm\frac{\sqrt{10}}{5}(\xi-\xi_0) = -\frac{2}{\sqrt{\alpha-v}} - \frac{2\alpha+c}{3}(\alpha-v)^{-\frac{3}{2}}. \quad (4-25)$$

证明 作代换 $t=\sqrt{\alpha-v}$,则式(4-14)可化为

$$\pm\frac{\sqrt{10}}{5}(\xi-\xi_0)=2\int\frac{1}{t^2}\mathrm{d}t-(2\alpha+c)\int\frac{1}{t^4}\mathrm{d}t=-\frac{2}{t}-\frac{2\alpha+c}{3t^3},$$

则有解

$$\pm\frac{\sqrt{10}}{5}(\xi-\xi_0)=-\frac{2}{\sqrt{\alpha-v}}-\frac{2\alpha+c}{3}(\alpha-v)^{-\frac{3}{2}}.$$

证明完毕.

定理 4.7 设 $F(v)=(v-\alpha)^2(v-\alpha_1)(v-\alpha_2)(v-\alpha_3)$,其中 $\alpha,\alpha_1,\alpha_2,\alpha_3$ 是互不相等的实数,且 $\alpha_1>\alpha_2>\alpha_3$.

(1)当 $\alpha_2<v<\alpha_1$ 时,则方程组(4-1)有精确解

$$\pm\frac{\sqrt{10}}{5}(\xi-\xi_0)=\frac{(\alpha_3+2c)\mathrm{F}(\kappa,p)}{(\alpha_3-\alpha)\sqrt{\alpha_1-\alpha_3}}+\frac{(\alpha_2-\alpha_3)(c+2\alpha)\Pi\left[\kappa,\dfrac{(\alpha_3-\alpha)(\alpha_2-\alpha_1)}{(\alpha_2-\alpha)(\alpha_1-\alpha_3)},p\right]}{(\alpha_2-\alpha)(\alpha_3-\alpha)\sqrt{\alpha_1-\alpha_3}}.$$

$$\text{(4-26)}$$

(2)当 $v<\alpha_3$ 时,则方程组(4-1)有精确解

$$\pm\frac{\sqrt{10}}{5}(\xi-\xi_0)=\frac{(2\alpha_1+c)\mathrm{F}(\delta,p)+(2\alpha+c)\Pi\left(\delta,\dfrac{\alpha_1-\alpha}{\alpha_3-\alpha_1},p\right)}{(\alpha_1-\alpha)\sqrt{\alpha_1-\alpha_3}},\qquad\text{(4-27)}$$

其中

$$\kappa=\arcsin\sqrt{\frac{(\alpha_1-\alpha_3)(v-\alpha_2)}{(\alpha_1-\alpha_2)(v-\alpha_3)}},$$

$$\delta=\arcsin\sqrt{\frac{\alpha_1-\alpha_3}{\alpha_1-v}},$$

$$p=\sqrt{\frac{\alpha_1-\alpha_2}{\alpha_1-\alpha_3}}.$$

证明 (1)当 $\alpha_2<v<\alpha_1$ 时,作代换

$$v=\frac{\alpha_3(\alpha_1-\alpha_2)\sin^2\kappa-\alpha_2(\alpha_1-\alpha_3)}{(\alpha_1-\alpha_2)\sin^2\kappa-(\alpha_1-\alpha_3)},\qquad\text{(4-28)}$$

则式(4-14)可化为

$$\pm\frac{\sqrt{10}}{5}(\xi-\xi_0)=\frac{\alpha_3+2c}{(\alpha_3-\alpha)\sqrt{\alpha_1-\alpha_3}}\int\frac{1}{\sqrt{1-p^2\sin^2\kappa}}\mathrm{d}\kappa+\frac{(\alpha_2-\alpha_3)(c+2\alpha)}{(\alpha_2-\alpha)(\alpha_3-\alpha)\sqrt{\alpha_1-\alpha_3}}$$

58

$$\times \int \frac{1}{\left[1+\frac{(\alpha_3-\alpha)(\alpha_2-\alpha_1)}{(\alpha_2-\alpha)(\alpha_1-\alpha_3)}\sin^2\kappa\right]\sqrt{1-p^2\sin^2\kappa}}d\kappa,$$

从而

$$\pm\frac{\sqrt{10}}{5}(\xi-\xi_0)=\frac{(\alpha_3+2c)F(\kappa,p)}{(\alpha_3-\alpha)\sqrt{\alpha_1-\alpha_3}}+\frac{(\alpha_2-\alpha_3)(c+2\alpha)\Pi\left[\kappa,\frac{(\alpha_3-\alpha)(\alpha_2-\alpha_1)}{(\alpha_2-\alpha)(\alpha_1-\alpha_3)},p\right]}{(\alpha_2-\alpha)(\alpha_3-\alpha)\sqrt{\alpha_1-\alpha_3}},$$

由式(4-28)得

$$\kappa=\arcsin\sqrt{\frac{(\alpha_1-\alpha_3)(v-\alpha_2)}{(\alpha_1-\alpha_2)(v-\alpha_3)}}\ .$$

（2）当 $v<\alpha_3$ 时，作代换

$$v=\frac{\alpha_3-\alpha_1\cos^2\delta}{\sin^2\delta}, \tag{4-29}$$

则式(4-14)可化为

$$\pm\frac{\sqrt{10}}{5}(\xi-\xi_0)=\frac{2\alpha_1+c}{(\alpha_1-\alpha)\sqrt{\alpha_1-\alpha_3}}\int\frac{1}{\sqrt{1-p^2\sin^2\delta}}d\delta$$

$$+\frac{2\alpha+c}{(\alpha_1-\alpha)\sqrt{\alpha_1-\alpha_3}}\int\frac{1}{\left(1+\frac{\alpha_1-\alpha}{\alpha_3-\alpha_1}\sin^2\delta\right)\sqrt{1-p^2\sin^2\delta}}d\delta,$$

从而

$$\pm\frac{\sqrt{10}}{5}(\xi-\xi_0)=\frac{(2\alpha_1+c)F(\delta,p)+(2\alpha+c)\Pi\left(\delta,\frac{\alpha_1-\alpha}{\alpha_3-\alpha_1},p\right)}{(\alpha_1-\alpha)\sqrt{\alpha_1-\alpha_3}},$$

由式(4-29)得

$$\delta=\arcsin\sqrt{\frac{\alpha_1-\alpha_3}{\alpha_1-v}}\ .$$

证明完毕.

定理 4.8 设 $F(v)=(v-\alpha_1)^3(v-\alpha_2)(v-\alpha_3)$，其中 $\alpha_1>\alpha_2>\alpha_3$ 是实数.

（1）当 $\alpha_2<v<\alpha_1$ 时，则方程组(4-1)有精确解

$$\pm\frac{\sqrt{10}}{5}(\xi-\xi_0)=\frac{(c+2\alpha_1)(\alpha_3-\alpha_2)}{(\alpha_1-\alpha_2)(\alpha_1-\alpha_3)^{3/2}}\Pi\left(\kappa,\frac{\alpha_2-\alpha_1}{\alpha_1-\alpha_3},p\right)+\frac{2\alpha_3+c}{(\alpha_1-\alpha_3)^{3/2}}F(\kappa,p).$$

$$(4-30)$$

（2）当 $v<\alpha_3$ 时，则方程组（4-1）有精确解

$$\pm\frac{\sqrt{10}}{5}(\xi-\xi_0)=\frac{2\alpha_1+c}{(\alpha_1-\alpha_2)\sqrt{\alpha_1-\alpha_3}}E(\alpha,p)+\frac{2\alpha_2+c}{(\alpha_2-\alpha_1)\sqrt{\alpha_1-\alpha_3}}F(\alpha,p).\quad(4-31)$$

其中

$$\kappa=\arcsin\sqrt{\frac{(\alpha_1-\alpha_3)(v-\alpha_2)}{(\alpha_1-\alpha_2)(v-\alpha_3)}},$$

$$\alpha=\arcsin\sqrt{\frac{\alpha_1-\alpha_3}{\alpha_1-v}},$$

$$p=\sqrt{\frac{\alpha_1-\alpha_2}{\alpha_1-\alpha_3}}.$$

证明 （1）当 $\alpha_2<v<\alpha_1$ 时，作代换

$$v=\frac{\alpha_3(\alpha_1-\alpha_2)\sin^2\kappa-\alpha_2(\alpha_1-\alpha_3)}{(\alpha_1-\alpha_2)\sin^2\kappa-(\alpha_1-\alpha_3)},\quad(4-32)$$

则式（4-14）可化为

$$\pm\frac{\sqrt{10}}{5}(\xi-\xi_0)=\frac{2\alpha_3+c}{(\alpha_1-\alpha_3)^{3/2}}\int\frac{1}{\sqrt{1-p^2\sin^2\kappa}}d\kappa+\frac{(c+2\alpha_1)(\alpha_3-\alpha_2)}{(\alpha_1-\alpha_2)(\alpha_1-\alpha_3)^{3/2}}$$

$$\times\int\frac{1}{\left(1+\frac{\alpha_2-\alpha_1}{\alpha_1-\alpha_3}\sin^2\kappa\right)\sqrt{1-p^2\sin^2\kappa}}d\kappa,$$

从而

$$\pm\frac{\sqrt{10}}{5}(\xi-\xi_0)=\frac{(c+2\alpha_1)(\alpha_3-\alpha_2)}{(\alpha_1-\alpha_2)(\alpha_1-\alpha_3)^{3/2}}\Pi\left(\kappa,\frac{\alpha_2-\alpha_1}{\alpha_1-\alpha_3},p\right)+\frac{2\alpha_3+c}{(\alpha_1-\alpha_3)^{3/2}}F(\kappa,p),$$

由式（4-32）得

$$\kappa=\arcsin\sqrt{\frac{(\alpha_1-\alpha_3)(v-\alpha_2)}{(\alpha_1-\alpha_2)(v-\alpha_3)}}.$$

（2）当 $v<\alpha_3$ 时，作代换

$$v = \frac{\alpha_3 - \alpha_1 \cos^2\alpha}{\sin^2\alpha}, \qquad (4-33)$$

则式(4-14)可化为

$$\pm\frac{\sqrt{10}}{5}(\xi-\xi_0) = \frac{2\alpha_1 + c}{(\alpha_1 - \alpha_2)\sqrt{\alpha_1 - \alpha_3}} \int \sqrt{1 - p^2\sin^2\alpha}\,\mathrm{d}\alpha$$
$$+ \frac{2\alpha_2 + c}{(\alpha_2 - \alpha_1)\sqrt{\alpha_1 - \alpha_3}} \int \frac{1}{\sqrt{1 - p^2\sin^2\alpha}}\,\mathrm{d}\alpha,$$

从而

$$\pm\frac{\sqrt{10}}{5}(\xi-\xi_0) = \frac{2\alpha_1 + c}{(\alpha_1 - \alpha_2)\sqrt{\alpha_1 - \alpha_3}} \mathrm{E}(\alpha, p) + \frac{2\alpha_2 + c}{(\alpha_2 - \alpha_1)\sqrt{\alpha_1 - \alpha_3}} \mathrm{F}(\alpha, p),$$

由式(4-33)得

$$\alpha = \arcsin\sqrt{\frac{\alpha_1 - \alpha_3}{\alpha_1 - v}}.$$

证明完毕.

定理 4.9 设 $F(v) = (v-\alpha)^3(v^2 + pv + q)$,其中 α, p, q 是实数,且 $p^2 - 4q < 0, v < \alpha$,则方程组(4-1)有精确解

$$\pm\frac{\sqrt{10}}{5}(\xi-\xi_0) = \frac{c + 2\alpha - 2\delta}{2\delta^{3/2}} \mathrm{F}(\varphi, m) - \frac{c + 2\alpha}{\delta^{3/2}}[\mathrm{E}(\varphi, m) + (\cot\varphi + \csc\varphi)\Delta], \quad (4-34)$$

其中

$$\delta = \sqrt{\alpha^2 + p\alpha + q}$$
$$m = \sqrt{(p + 2\delta + 2\alpha)/(4\delta)},$$
$$\varphi = 2\arctan\sqrt{(\alpha - v)/\delta}$$
$$\Delta = \sqrt{1 - m^2\sin^2\varphi}.$$

证明 当 $v < \alpha$ 时,作代换

$$v = \alpha - \delta\tan^2\frac{\varphi}{2}, \qquad (4-35)$$

则式(4-14)可化为

$$\pm\frac{\sqrt{10}}{5}(\xi-\xi_0) = \frac{c + 2\alpha}{2\delta^{3/2}}\left(\int\frac{\mathrm{d}\varphi}{\Delta\sin^2\varphi} + 2\int\frac{\cos\varphi\mathrm{d}\varphi}{\Delta\sin^2\varphi} + \int\frac{\cot^2\varphi\mathrm{d}\varphi}{\Delta}\right) - \frac{1}{\sqrt{\delta}}\int\frac{\mathrm{d}\varphi}{\Delta},$$

积分得

$$\int \frac{\mathrm{d}\varphi}{\sin^2\varphi\Delta} = \mathrm{F}(\varphi,m) - \mathrm{E}(\varphi,m) - \Delta\cot\varphi,$$

从而

$$\pm\frac{\sqrt{10}}{5}(\xi-\xi_0) = \frac{c+2\alpha-2\delta}{2\delta^{3/2}}\mathrm{F}(\varphi,m) - \frac{c+2\alpha}{\delta^{3/2}}\left[\mathrm{E}(\varphi,m)+(\cot\varphi+\cos\varphi)\Delta\right],$$

由式(4–35)知

$$\varphi = 2\arctan\sqrt{(\alpha-v)/\delta}.$$

证明完毕.

在式(5–16)和式(5–17)中,若取波速 $c=-2\beta$ 可得方程组(4–1)的周期解

$$\pm\frac{\sqrt{10}}{5}(\xi-\xi_0) = \frac{2\alpha+c}{\sqrt{\alpha-\gamma}}\arctan\frac{\sqrt{\gamma-v}}{\sqrt{\alpha-\gamma}}, \tag{4–36}$$

表明其具有周期动力学行为.

4.3 耦合 Kaup–Boussinesq Ⅱ 方程组的精确解

重写方程组(4–13)的第一个方程为初等积分形式

$$\pm\sqrt{\frac{1}{2}}(\xi-\xi_0) = \int \frac{(u-c)\mathrm{d}u}{\sqrt{-\left[u^4-\dfrac{4}{3}cu^3-(2c_1-4c_2)u^2+4cc_1u-2c_3\right]}},$$

再令 $\omega=u-\dfrac{1}{3}c$,进一步简化,得

$$\pm\sqrt{\frac{1}{2}}(\xi-\xi_0) = \int \frac{\left(\omega-\dfrac{2}{3}c\right)\mathrm{d}\omega}{\sqrt{-(\omega^4+p\omega^2+q\omega+r)}}, \tag{4–37}$$

其中

$$p = -\frac{2}{3}c^2-2c_1+4c_2,$$

$$q = -\frac{8}{27}c^3+\frac{8}{3}cc_1+\frac{8}{3}cc_2,$$

$$r = -\frac{c^4}{27}+\frac{4}{9}c^2c_2-2c_3.$$

因此要求式(4-2)的精确解,只需求解式(4-37)即可.

根据 $F(\omega) = \omega^4 + p\omega^2 + q\omega + r$ 的完全判别系统,并考虑被积函数的特殊形式,有式(4-2)的如下情形的解.

定理 4.10 设 $F(\omega) = (\omega - \alpha)^2 (\omega - \beta)(\omega - \gamma)$,其中 α, β, γ 是实数,且 $2\alpha + \beta + \gamma = 0, \beta > \gamma, \gamma < \omega < \beta$.

(1)当 $\alpha > \beta$ 或 $\alpha < \gamma$ 时,则方程组(4-2)具有解

$$\pm \frac{1}{\sqrt{2}}(\xi - \xi_0) = \frac{2\alpha - \dfrac{4}{3}c}{\sqrt{(\beta - \alpha)(\gamma - \alpha)}} \arctan \sqrt{\frac{\beta - \alpha}{\gamma - \alpha} \frac{u - \dfrac{c}{3} - \gamma}{\beta - u + \dfrac{c}{3}}} + 2\arctan \sqrt{\frac{u - \dfrac{c}{3} - \gamma}{\beta - u + \dfrac{c}{3}}}.$$

$$(4-38)$$

(2)当 $\gamma < \alpha < \beta$ 时,则方程组(4-2)具有解

$$\pm \frac{1}{\sqrt{2}}(\xi - \xi_0) = -\frac{\alpha - \dfrac{2}{3}c}{\beta - \alpha} \ln \left| \frac{\sqrt{\left(u - \dfrac{1}{3}c - \gamma\right)(\beta - \alpha)} + \sqrt{\left(\beta - u + \dfrac{1}{3}c\right)(\alpha - \gamma)}}{\sqrt{\left(u - \dfrac{1}{3}c - \gamma\right)(\beta - \alpha)} - \sqrt{\left(\beta - u + \dfrac{1}{3}c\right)(\alpha - \gamma)}} \right|$$

$$+ 2\arctan \sqrt{\frac{u - \dfrac{1}{3}c - \gamma}{\beta - u + \dfrac{1}{3}c}} \tag{4-39}$$

证明 (1)当 $\gamma < \omega < \beta$ 时,作欧拉代换

$$\sqrt{-(\omega - \beta)(\omega - \gamma)} = t(\omega - \beta),$$

则式(4-37)可化为

$$\pm \frac{1}{\sqrt{2}}(\xi - \xi_0) = -2 \int \frac{\alpha - \dfrac{2}{3}c}{(\beta - \alpha)t^2 + \gamma - \alpha} \mathrm{d}t - 2 \int \frac{1}{t^2 + 1} \mathrm{d}t.$$

当 $\alpha > \beta$ 或 $\alpha < \gamma$ 时,

$$\pm \frac{1}{\sqrt{2}}(\xi - \xi_0) = \frac{-2\left(\alpha - \dfrac{2}{3}c\right)}{\sqrt{(\beta - \alpha)(\gamma - \alpha)}} \arctan \left(\sqrt{\frac{\beta - \alpha}{\gamma - \alpha}} t\right) - 2\arctan t,$$

从而相应的解为

$$\pm \frac{1}{\sqrt{2}}(\xi-\xi_0) = \frac{2\alpha-\frac{4}{3}c}{\sqrt{(\beta-\alpha)(\gamma-\alpha)}}\arctan\sqrt{\frac{\beta-\alpha}{\gamma-\alpha}\frac{u-\frac{c}{3}-\gamma}{\beta-u+\frac{c}{3}}} + 2\arctan\sqrt{\frac{u-\frac{c}{3}-\gamma}{\beta-u+\frac{c}{3}}}.$$

（2）当 $\gamma<\omega<\beta$ 时，作欧拉代换

$$\sqrt{-(\omega-\beta)(\omega-\gamma)} = t(\omega-\beta),$$

则式(4-37)可化为

$$\pm\frac{1}{\sqrt{2}}(\xi-\xi_0) = -2\int\frac{\alpha-\frac{2}{3}c}{(\beta-\alpha)t^2+\gamma-\alpha}\mathrm{d}t - 2\int\frac{1}{t^2+1}\mathrm{d}t.$$

当 $\gamma<\alpha<\beta$ 时，

$$\pm\frac{1}{\sqrt{2}}(\xi-\xi_0) = -\frac{\alpha-\frac{2}{3}c}{\beta-\alpha}\ln\left|\frac{\sqrt{\beta-\alpha}\,t-\sqrt{\alpha-\gamma}}{\sqrt{\beta-\alpha}\,t+\sqrt{\alpha-\gamma}}\right| - 2\arctan t,$$

从而相应的解为

$$\pm\frac{1}{\sqrt{2}}(\xi-\xi_0) = -\frac{\alpha-\frac{2}{3}c}{\beta-\alpha}\ln\left|\frac{\sqrt{\left(u-\frac{1}{3}c-\gamma\right)(\beta-\alpha)} + \sqrt{\left(\beta-u+\frac{1}{3}c\right)(\alpha-\gamma)}}{\sqrt{\left(u-\frac{1}{3}c-\gamma\right)(\beta-\alpha)} - \sqrt{\left(\beta-u+\frac{1}{3}c\right)(\alpha-\gamma)}}\right|$$

$$+ 2\arctan\sqrt{\frac{u-\frac{1}{3}c-\gamma}{\beta-u+\frac{1}{3}c}}.$$

证明完毕.

定理 4.11 设 $F(\omega) = (\omega-\alpha)^3(\omega+3\alpha)$，$\alpha$ 是实数. 当 $\alpha<0$ 且 $\alpha<\omega<-3\alpha$ 或 $\alpha>0$ 且 $-3\alpha<\omega<\alpha$ 时，则方程组(4-2)具有解

$$\pm\frac{1}{\sqrt{2}}(\xi-\xi_0) = \frac{-2c+3\alpha}{6\alpha}\sqrt{\frac{-u+\frac{c}{3}-3\alpha}{u-\frac{c}{3}-\alpha}} + 2\arctan\sqrt{\frac{u-\frac{c}{3}-\alpha}{-u+\frac{c}{3}-3\alpha}}. \qquad (4-40)$$

证明 作欧拉代换

$$\sqrt{-(\omega-\alpha)(\omega+3\alpha)} = t(\omega-\alpha),$$

64

则式（4-37）可化为

$$\pm\frac{1}{\sqrt{2}}(\xi-\xi_0)=\frac{2}{\alpha-\beta}\int\left(\alpha-\frac{2}{3}c-\frac{\alpha-\beta}{t^2+1}\right)\mathrm{d}t,$$

从而

$$\pm\frac{1}{\sqrt{2}}(\xi-\xi_0)=\frac{-2}{\alpha-\beta}\left[\left(\alpha-\frac{2}{3}c\right)t-(\alpha-\beta)\arctan t\right],$$

相应的解为

$$\pm\frac{1}{\sqrt{2}}(\xi-\xi_0)=\frac{-2c+3\alpha}{6\alpha}\sqrt{\frac{-u+\dfrac{c}{3}-3\alpha}{u-\dfrac{c}{3}-\alpha}}+2\arctan\sqrt{\frac{u-\dfrac{c}{3}-\alpha}{-u+\dfrac{c}{3}-3\alpha}}.$$

证明完毕.

定理 4.12 设 $F(\omega)=(\omega-\alpha_1)(\omega-\alpha_2)(\omega-\alpha_3)(\omega-\alpha_4)$，其中 $\alpha_1>\alpha_2>\alpha_3>\alpha_4$ 均为实数，且 $\alpha_1+\alpha_2+\alpha_3+\alpha_4=0$.

（1）当 $\alpha_2<\omega<\alpha_1$ 时，则方程组（4-2）具有解

$$\pm\frac{1}{2\sqrt{2}}(\xi-\xi_0)=\frac{(\alpha_2-\alpha_3)\Pi\left(\lambda,\dfrac{\alpha_2-\alpha_1}{\alpha_1-\alpha_3},r\right)+\left(\alpha_3-\dfrac{2}{3}c\right)F(\lambda,r)}{\sqrt{(\alpha_1-\alpha_3)(\alpha_2-\alpha_4)}}. \tag{4-41}$$

（2）当 $\alpha_4<\omega<\alpha_3$ 时，则方程组（4-2）具有解

$$\pm\frac{1}{2\sqrt{2}}(\xi-\xi_0)=\frac{(\alpha_4-\alpha_1)\Pi\left(\beta,\dfrac{\alpha_4-\alpha_3}{\alpha_1-\alpha_3},r\right)+\left(\alpha_1-\dfrac{2}{3}c\right)F(\beta,r)}{\sqrt{(\alpha_1-\alpha_3)(\alpha_2-\alpha_4)}}. \tag{4-42}$$

其中

$$\lambda=\arcsin\sqrt{\frac{(\alpha_1-\alpha_3)\left(u-\dfrac{1}{3}c-\alpha_2\right)}{(\alpha_1-\alpha_2)\left(u-\dfrac{1}{3}c-\alpha_3\right)}},$$

$$\beta=\arcsin\sqrt{\frac{(\alpha_1-\alpha_3)\left(u-\dfrac{1}{3}c-\alpha_4\right)}{(\alpha_3-\alpha_4)\left(\alpha_1-u+\dfrac{1}{3}c\right)}},$$

$$r=\sqrt{\frac{(\alpha_1-\alpha_2)(\alpha_3-\alpha_4)}{(\alpha_1-\alpha_3)(\alpha_2-\alpha_4)}}\ .$$

证明 （1）当 $\alpha_2<\omega<\alpha_1$ 时，作代换

$$\omega=\frac{\alpha_3(\alpha_1-\alpha_2)\sin^2\lambda-\alpha_2(\alpha_1-\alpha_3)}{(\alpha_1-\alpha_2)\sin^2\lambda-(\alpha_1-\alpha_3)}\tag{4-43}$$

则式(4-37)可化为

$$\pm\frac{1}{2\sqrt{2}}(\xi-\xi_0)=\frac{1}{\sqrt{(\alpha_1-\alpha_3)(\alpha_2-\alpha_4)}}\int\frac{\alpha_3-\dfrac{2}{3}c}{\sqrt{1-r^2\sin^2\lambda}}\mathrm{d}\lambda$$

$$+\frac{\alpha_2-\alpha_3}{\sqrt{(\alpha_1-\alpha_3)(\alpha_2-\alpha_4)}}\int\frac{1}{\left(1+\dfrac{\alpha_2-\alpha_1}{\alpha_1-\alpha_3}\sin^2\lambda\right)\sqrt{1-r^2\sin^2\lambda}}\mathrm{d}\lambda,$$

从而

$$\pm\frac{1}{2\sqrt{2}}(\xi-\xi_0)=\frac{(\alpha_2-\alpha_3)\Pi\left(\lambda,\dfrac{\alpha_2-\alpha_1}{\alpha_1-\alpha_3},r\right)+\left(\alpha_3-\dfrac{2}{3}c\right)\mathrm{F}(\lambda,r)}{\sqrt{(\alpha_1-\alpha_3)(\alpha_2-\alpha_4)}},$$

由式(4-43)得

$$\lambda=\arcsin\sqrt{\frac{(\alpha_1-\alpha_3)(\omega-\alpha_2)}{(\alpha_1-\alpha_2)(\omega-\alpha_3)}}=\arcsin\sqrt{\frac{(\alpha_1-\alpha_3)\left(u-\dfrac{1}{3}c-\alpha_2\right)}{(\alpha_1-\alpha_2)\left(u-\dfrac{1}{3}c-\alpha_3\right)}}\ .$$

（2）当 $\alpha_4<\omega<\alpha_3$ 时，作代换

$$\omega=\frac{\alpha_1(\alpha_3-\alpha_4)\sin^2\beta-\alpha_4(\alpha_3-\alpha_1)}{(\alpha_3-\alpha_4)\sin^2\beta-(\alpha_3-\alpha_1)},\tag{4-44}$$

则式(4-37)可化为

$$\pm\frac{1}{2\sqrt{2}}(\xi-\xi_0)=\frac{1}{\sqrt{(\alpha_1-\alpha_3)(\alpha_2-\alpha_4)}}\int\frac{\alpha_1-\dfrac{2}{3}c}{\sqrt{1-r^2\sin^2\beta}}\mathrm{d}\beta$$

$$+\frac{\alpha_1-\alpha_4}{\sqrt{(\alpha_1-\alpha_3)(\alpha_2-\alpha_4)}}\int\frac{1}{\left(1+\dfrac{\alpha_4-\alpha_3}{\alpha_1-\alpha_3}\sin^2\beta\right)\sqrt{1-r^2\sin^2\beta}}\mathrm{d}\beta,$$

从而

$$\pm\sqrt{2}\,(\xi-\xi_0)=\frac{(\alpha_4-\alpha_1)\,\Pi\left(\beta,\dfrac{\alpha_4-\alpha_3}{\alpha_1-\alpha_3},r\right)+\left(\alpha_1-\dfrac{2}{3}c\right)F(\beta,r)}{\sqrt{(\alpha_1-\alpha_3)(\alpha_2-\alpha_4)}},$$

由式(4-44)得

$$\beta=\arcsin\sqrt{\frac{(\alpha_1-\alpha_3)(\omega-\alpha_4)}{(\alpha_3-\alpha_4)(\alpha_1-\omega)}}=\arcsin\sqrt{\frac{(\alpha_1-\alpha_3)\left(u-\dfrac{1}{3}c-\alpha_4\right)}{(\alpha_3-\alpha_4)\left(\alpha_1-u+\dfrac{1}{3}c\right)}}\,.$$

证明完毕.

定理 4.13 设 $F(\omega)=(\omega-\alpha)(\omega-\beta)\left[(\omega-l)^2+s^2\right]$,其中 $\alpha>\beta,\alpha+\beta=-2l,s>0,$
$\beta<\omega<\alpha$,则方程组(4-2)具有解

$$\pm\frac{1}{\sqrt{2}}(\xi-\xi_0)=\frac{\varsigma\,\rho(b_4c_4-a_4d_4-2cc_4/3)}{c_4^2(\rho^2-1)}\Pi\left(\varphi,\frac{1}{\rho^2-1},m\right)+\frac{a_4\,\varsigma}{c_4}F(\varphi,m)$$

$$+\frac{\varsigma(b_4c_4-a_4d_4-2cc_4/3)}{2\,\tau\,c_4^2\sqrt{1-\rho^2}}\ln\left|\frac{\sqrt{1-\rho^2}\,\Delta+m\,\tau\sin\varphi}{\sqrt{1-\rho^2}\,\Delta-m\,\tau\sin\varphi}\right|,\qquad(4-45)$$

其中

$$c_4=\alpha-l-\frac{s}{m_1},$$

$$d_4=\alpha-l-sm_1,$$

$$a_4=\frac{1}{2}\left[(\alpha+\beta)c_4-(\alpha-\beta)d_4\right],$$

$$b_4=\frac{1}{2}\left[(\alpha+\beta)d_4-(\alpha-\beta)c_4\right],$$

$$\delta=\frac{s^2+(\alpha-l)(\beta-l)}{s(\alpha-\beta)},$$

$$\rho=\frac{d_4}{c_4},$$

$$m_1=\delta+\sqrt{\delta^2+1}\,,$$

$$m^2=\frac{1}{1+m_1^2},$$

$$\Delta = \sqrt{1-m^2\sin^2\varphi}\,,$$

$$\tau = \sqrt{1-m^2+m^2\rho^2}\,,$$

$$\varsigma = \frac{2mm_1}{\sqrt{2sm_1(\alpha-\beta)}}\,,$$

$$\varphi = \arccos\frac{d_4(u-c/3)-b_4}{a_4-c_4(u-c/3)}\,.$$

证明　当 $\beta<\omega<\alpha$ 时，作代换

$$\omega = \frac{a_4\cos\varphi+b_4}{c_4\cos\varphi+d_4}\,, \tag{4-46}$$

则式（4-37）可化为

$$\pm\frac{1}{\sqrt{2}}(\xi-\xi_0) = \frac{\varsigma(b_4c_4-a_4d_4-2cc_4/3)}{c_4^2}\int\frac{\mathrm{d}\varphi}{(\cos\varphi+\rho)\Delta}+\frac{a_4\varsigma}{c_4}\int\frac{\mathrm{d}\varphi}{\Delta}\,,$$

而

$$\int\frac{\mathrm{d}\varphi}{(\cos\varphi+\rho)\Delta} = \frac{\rho}{\rho^2-1}\Pi\left(\varphi,\frac{1}{\rho^2-1},m\right)+\frac{1}{2\sqrt{|1-\rho^2|}\tau}\ln\left|\frac{\sqrt{|1-\rho^2|}\Delta+m\tau\sin\varphi}{\sqrt{|1-\rho^2|}\Delta-m\tau\sin\varphi}\right|\,,$$

从而

$$\pm\frac{1}{\sqrt{2}}(\xi-\xi_0) = \frac{\varsigma\rho(b_4c_4-a_4d_4-2cc_4/3)}{c_4^2(\rho^2-1)}\Pi\left(\varphi,\frac{1}{\rho^2-1},m\right)+\frac{a_4\varsigma}{c_4}F(\varphi,m)$$

$$+\frac{\varsigma(b_4c_4-a_4d_4-2cc_4/3)}{2\tau c_4^2\sqrt{1-\rho^2}}\ln\left|\frac{\sqrt{1-\rho^2}\Delta+m\tau\sin\varphi}{\sqrt{1-\rho^2}\Delta-m\tau\sin\varphi}\right|\,,$$

由式（4-46）得

$$\varphi = \arccos\frac{d_4\omega-b_4}{a_4-c_4\omega} = \arccos\frac{d_4(u-c/3)-b_4}{a_4-c_4(u-c/3)}\,.$$

证明完毕.

上面给出了式（4-2）的全部解.为了简单起见，我们只给出了 u 的表达式，v 可以从式（4-6）中得到.特别地，我们发现有一个有趣的周期余弦函数解，实际上，如果把波速取为常数 $c=3\alpha/2$，得到周期解

$$u = \beta-\frac{2\alpha}{3}+\left(\frac{\alpha}{3}-\beta-\gamma\right)\cos^2\left(\frac{\xi-\xi_0}{2\sqrt{2}}\right)\,, \tag{4-47}$$

其中 $\xi = x - 2\alpha/3t$，这是一个匀速的周期行波.从这个解可知，双 KB 方程组具有重要的周期动力学行为.

实际上，只需要在解方程(4-38)和方程(4-39)中取第一项为零，然后得到

$$\pm \sqrt{\frac{1}{2}} \, (\xi - \xi_0) = 2\arctan \sqrt{\frac{u - \dfrac{c}{3} - \gamma}{\beta - u + \dfrac{c}{3}}} \,, \tag{4-48}$$

从而得到上述周期解.

5 变系数试探方程法及其应用

常系数非线性发展方程通常是高度理想化的方程,因此变系数方程用以描述物理现象是恰当的.本章通过提出一种变系数试探方程法精确求解在等离子体物理研究和理论力学中有重要应用的变系数广义 KdV-mKdV 组合方程,分别考虑了当自由参数为 $1, -\dfrac{1}{2}$ 和 2 时其精确解的分类.

变系数广义 KdV-mKdV 组合方程形式为

$$u_t + \left[\alpha(t) + \beta(t)u^\theta \right]u^\theta u_x + \gamma(t)u_{xxx} = 0, \tag{5-1}$$

其中 $\alpha(t)$, $\beta(t)$, $\gamma(t)$ 是连续可微函数, $a(t)$, $\beta(t)$ 不同时为零, $\gamma(t) \neq 0, \theta$ 是非零自由参数.当 $\alpha(t) = 0$ 时,该方程为变系数 mKdV 方程,当 $\beta(t) = 0$ 时,该方程为变系数 KdV 方程.

目前求解该方程的方法已经很丰富,如 Darboux 变换法、双曲函数展开法、Jacobi椭圆函数展开法、齐次平衡法等,但由于方法的局限性,只能得到几种解,本章利用变系数试探方程法将变系数广义 KdV-mKdV 方程转化为初等积分形式,再利用多项式完全判别系统,特别是当 $\theta = 2$ 时利用了六阶多项式完全判别系统,得到了变系数广义 KdV-mKdV 方程的新的精确有理函数解、三角函数解、双曲函数解、指数函数解、双周期函数解、隐函数解,这些解包括现有方法所求得的所有解.

5.1 变系数试探方程法

考虑 l 阶变系数非线性发展方程

$$N(x,t,u,\partial u,\partial^2 u,\cdots,\partial^l u) = 0, \tag{5-2}$$

其中 x,t 表示自变量, u 表示因变量, $\partial^j u(j=1,2,\cdots,l)$ 表示 u 对自变量 x,t 的所有 j 阶偏导数.做行波变换 $u=u(\xi), \xi=k(t)x+\omega(t)$,其中 $k(t), \omega(t)$ 是连续可微函数,上述方程变成一个变系数常微分方程

$$M(x,t,u,u',u'',\cdots,u^{(l)}) = 0, \tag{5-3}$$

取试探方程

$$u'' = \sum_{i=1}^{m} a_i u^i, \tag{5-4}$$

其中 $a_i(i=0,1,2,\cdots,n)$ 是待定系数,m 是待定正整数.

将试探方程(5-4)代入式(5-3)得出一个关于 u 的多项式 $F(u)$,根据平衡原则,确定 m 的值.令 $F(u)$ 的系数全为零,得到一个代数方程组,根据所有的 a_i 是常数,可确定 $k(t)$,$\omega(t)$ 与原方程系数之间的关系,最后,解试探方程(5-4)得到式(5-2)的精确解.

定理 5.1 变系数广义 KdV-mKdV 组合方程(5-1)可约化为如下可积形式

$$(u')^2 = \frac{2}{2\theta+2}a_{2\theta+1}u^{2\theta+2} + \frac{2}{\theta+2}a_{\theta+1}u^{\theta+2} + a_1u^2 + 2a_0u + E, \tag{5-5}$$

其中 $a_0,a_1,a_{\theta+1},\theta_{2\theta+1},E$ 为常数.

证明 做行波变换 $u=u(\xi_1)$,$\xi_1=k(t)x+\omega(t)$,得

$$u_t = [k'(t)x+\omega'(t)]u', \quad u_x = k(t)u', \quad u_{xxx} = k^3(t)u''',$$

代入到方程(5-1),得

$$[k'(t)x+\omega'(t)]u^\theta+\alpha(t)k(t)u'u''+\beta(t)k(t)u^{2\theta}u'+\gamma(t)k^3(t)u'''=0, \tag{5-6}$$

做试探方程

$$u'' = a_{2\theta+1}u^{2\theta+1} + a_{\theta+1}u^{\theta+1} + a_1u + a_0, \tag{5-7}$$

式(5-7)关于 ξ 求一次积分,得

$$(u')^2 = \frac{2}{2\theta+1}a_{2\theta+1}u^{2\theta+2} + \frac{2}{\theta+2}a_{\theta+1}u^{\theta+2} + a_1u^2 + 2a_0u + E, \tag{5-8}$$

其中 E 为任意常数,式(5-7)关于 ξ 求导,得

$$u''' = [(2\theta+1)a_{2\theta+1}u^{2\theta}+(\theta+1)a_{\theta+1}u^\theta+a_1]u', \tag{5-9}$$

将式(5-9)代入到式(5-6)中,得

$$k'(t)x+\omega'(t)+\alpha(t)k(t)u^\theta+\beta(t)k(t)u^{2\theta}+\gamma(t)k^3(t)$$
$$[(2\theta+1)a_{2\theta+1}u^{2\theta}+(\theta+1)a_{\theta+1}u^\theta+a_1]=0.$$

因此

$$\begin{cases} \beta(t)k(t)+\gamma(t)k^3(t)(2\theta+1)a_{2\theta+1}=0, \\ \alpha(t)k(t)+\gamma(t)k^3(t)(\theta+1)a_{\theta+1}=0, \\ k'(t)x+\omega'(t)+\gamma(t)k^3(t)a_1=0. \end{cases}$$

由于 $a_1,a_{\theta+1},a_{2\theta+1}$ 都是常数,故 $k(t)=k$ 是常数,$\alpha(t)/\gamma(t)$ 与 $\beta(t)/\gamma(t)$ 都是常数,从而

$$\begin{cases} a_1 = -\omega'(t)/[\gamma(t)k^3], \\ a_{\theta+1} = -\alpha(t)/[\gamma(t)(\theta+1)k^2], \\ a_{2\theta+1} = -\beta(t)/\beta(t)[\gamma(t)(2\theta+1)k^2]. \end{cases}$$

证明完毕.

5.2 自由参数为1时的精确解

当 $\theta=1$ 时,式(5-8)可化为

$$(u')^2 = \frac{1}{2}a_3 u^4 + \frac{2}{3}a_2 u^3 + a_1 u^2 + 2a_0 u + E, \tag{5-10}$$

作代换

$$v = \left(\frac{1}{2}|a_3|\right)^{\frac{1}{4}} u, \xi = \left(\frac{1}{2}|a_3|\right)^{\frac{1}{4}} \xi_1.$$

则式(5-10)可化为

$$(v_\xi)^2 = \varepsilon(v^4 + p_1 v^3 + q_1 v^2 + r_1 v + E),$$

其中

$$p_1 = \frac{2}{3}a_2 \left(\frac{1}{2}|a_3|\right)^{-\frac{3}{4}},$$

$$q_1 = a_1 \left(\frac{1}{2}|a_3|\right)^{-\frac{1}{2}},$$

$$r_1 = 2a_0 \left(\frac{1}{2}|a_3|\right)^{-\frac{1}{4}}.$$

当 $a_3>0$ 时, $\varepsilon=1$,当 $a_3<0$ 时, $\varepsilon=-1$. 再作代换 $w=v+\frac{p_1}{4}$ 得

$$w_\xi^2 = \varepsilon(w^4 + p_2 w^2 + q_2 w + r), \tag{5-11}$$

其中

$$p_2 = q_1 - \frac{3}{8}p_1^2,$$

$$q_2 = \frac{p_1^3}{8} - \frac{p_1 q_1}{2} + r_1,$$

$$r_2 = E - \frac{3p_1^4}{256} + \frac{p_1^2 q_1}{16} - \frac{p_1 r_1}{4}.$$

将式(5-11)转化为初等积分的形式如下

$$\pm(\xi-\xi_0) = \int \frac{\mathrm{d}w}{\sqrt{\varepsilon(w^4+p_2w^2+q_2w+r)}}. \tag{5-12}$$

因此要求方程(5-1)的精确解,只需求解方程(5-12)即可,根据 $F(w)=w^4+p_2w^2+q_2w+r$ 的完全判别系统,有方程(5-1)的如下情形的解.

定理 5.2 设 $F(w)=[(w-l_1)^2+s_1^2]^2$,其中 l_1,s_1 是实数,且 $s_1>0$,则方程(5-1)具有三角函数解

$$u_1(x,t) = \left(\frac{1}{2}|a_3|\right)^{-\frac{1}{4}}\left(s_1\tan_1\left\{\pm\left(\frac{1}{2}|a_3|\right)^{\frac{1}{4}}[k(t)x+\omega(t)]-\xi_0\right\}+l_1-\frac{p_1}{4}\right). \tag{5-13}$$

证明 当 $F(w)=[(w-l_1)^2+s_1^2]^2$ 时,此时必有 $\varepsilon=1$,则式(5-12)化为

$$\pm(\xi-\xi_0) = \int \frac{\mathrm{d}w}{(w-l_1)^2+s_1^2} = \frac{1}{s_1}\arctan\frac{w-l_1}{s_1},$$

从而

$$w = s_1\tan\{s_1[\pm(\xi-\xi_0)]\}+l_1.$$

因此方程(5-1)的解为

$$u_1(x,t) = \left(\frac{1}{2}|a_3|\right)^{-\frac{1}{4}}\left(s_1\tan_1\left\{\pm\left(\frac{1}{2}|a_3|\right)^{\frac{1}{4}}[k(t)x+\omega(t)]-\xi_0\right\}+l_1-\frac{p_1}{4}\right).$$

证明完毕.

定理 5.3 设 $F(w)=w^4$,则方程(5-1)具有有理函数解

$$u_2(x,t) = \pm\left(\frac{1}{2}|a_3|\right)^{-\frac{1}{4}}\left\{\frac{1}{\left(\frac{1}{2}|a_3|\right)^{\frac{1}{4}}[k(t)x+\omega(t)]-\xi_0}-\frac{p_1}{4}\right\}. \tag{5-14}$$

证明 当 $F(w)=[(w-l_1)^2+s_1^2]^2$ 时,此时必有 $\varepsilon=1$,则式(5-12)化为

$$\pm(\xi-\xi_0) = \int \frac{\mathrm{d}w}{w^2} = -\frac{1}{w},$$

从而

$$w = \pm\frac{1}{\xi-\xi_0}.$$

因此方程(5-1)的解为

$$u_2(x,t) = \pm\left(\frac{1}{2}\,|\,a_3\,|\right)^{-\frac{1}{4}}\left\{\frac{1}{\left(\frac{1}{2}\,|\,a_3\,|\right)^{\frac{1}{4}}\left[\,k(t)x+\omega(t)\,\right]-\xi_0}-\frac{p_1}{4}\right\}.$$

证明完毕.

定理 5.4 设 $F(w)=(w-\alpha)^2(w-\beta)^2$,其中 α,β 是实数,且 $\alpha>\beta$.

(1)当 $w>\alpha$ 或 $w<\beta$ 时,方程(5-1)具有双曲余切函数解

$$u_3(x,t) = \left(\frac{1}{2}\,|\,a_3\,|\right)^{-\frac{1}{4}}\left[\frac{\beta-\alpha}{2}\left(\coth\frac{\beta-\alpha}{2}\left\{\pm\left(\frac{1}{2}\,|\,a_3\,|\right)^{\frac{1}{4}}\left[\,k(t)x+\omega(t)\,\right]-\xi_0\right\}-1\right)+\beta-\frac{p_1}{4}\right].$$

(2)当 $\alpha<w<\beta$ 时,方程(5-1)具有双曲正切函数解

$$u_4(x,t) = \left(\frac{1}{2}\,|\,a_3\,|\right)^{-\frac{1}{4}}\left[\frac{\beta-\alpha}{2}\left(\pm\tanh\frac{\beta-\alpha}{2}\left\{\left(\frac{1}{2}\,|\,a_3\,|\right)^{\frac{1}{4}}\left[\,k(t)x+\omega(t)\,\right]-\xi_0\right\}-1\right)+\beta-\frac{p_1}{4}\right].$$

证明 当 $F(w)=(w-\alpha)^2(w-\beta)^2$ 时,此时必有 $\varepsilon=1$,则式(5-12)化为

$$\pm(\xi-\xi_0) = \int\frac{\mathrm{d}w}{(w-\alpha)(w-\beta)} = \frac{1}{\alpha-\beta}\ln\left|\frac{w-\alpha}{w-\beta}\right|.$$

(1)当 $w>\alpha$ 或 $w<\beta$ 时,

$$w = \frac{\beta-\alpha}{2}\left[\pm\coth\frac{\beta-\alpha}{2}(\xi-\xi_0)-1\right]+\beta.$$

因此方程(5-1)的解为

$$u_3(x,t) = \left(\frac{1}{2}\,|\,a_3\,|\right)^{-\frac{1}{4}}\left[\frac{\beta-\alpha}{2}\left(\coth\frac{\beta-\alpha}{2}\left\{\pm\left(\frac{1}{2}\,|\,a_3\,|\right)^{\frac{1}{4}}\left[\,k(t)x+\omega(t)\,\right]-\xi_0\right\}-1\right)+\beta-\frac{p_1}{4}\right].$$

(2)当时 $\alpha<w<\beta$ 时,

$$w = \frac{\beta-\alpha}{2}\left[\pm\tanh\frac{\beta-\alpha}{2}(\xi-\xi_0)-1\right]+\beta.$$

因此方程(5-1)的解为

$$u_4(x,t) = \left(\frac{1}{2}\,|\,a_3\,|\right)^{-\frac{1}{4}}\left[\frac{\beta-\alpha}{2}\left(\pm\tanh\frac{\beta-\alpha}{2}\left\{\left(\frac{1}{2}\,|\,a_3\,|\right)^{\frac{1}{4}}\left[\,k(t)x+\omega(t)\,\right]-\xi_0\right\}-1\right)+\beta-\frac{p_1}{4}\right].$$

证明完毕.

定理 5.5 设 $F(w)=(w-\alpha)^2(w-\beta)(w-\gamma)$,其中 α,β,γ 是实数,且 $\beta>\gamma$.

(1)当 $\varepsilon=1,\alpha>\beta$ 且 $w>\beta$ 或 $\alpha<\gamma$ 且 $w<\gamma$ 时,方程(5-1)具有隐函数解

$$\pm\left\{\left(\frac{1}{2}|a_3|\right)^{\frac{1}{4}}[k(t)x+\omega(t)]-\xi_0\right\}=\frac{1}{\sqrt{(\alpha-\beta)(\alpha-\gamma)}}$$

$$\times\ln\frac{\left\{\sqrt{\left[\left(\frac{1}{2}|a_3|\right)^{\frac{1}{4}}u_5+\frac{p_1}{4}-\beta\right](\alpha-\gamma)}+\sqrt{(\alpha-\beta)\left[\left(\frac{1}{2}|a_3|\right)^{\frac{1}{4}}u_5+\frac{p_1}{4}-\gamma\right]}\right\}^2}{\left|\left(\frac{1}{2}|a_3|\right)^{\frac{1}{4}}u_5+\frac{p_1}{4}-\alpha\right|}.$$

(2)当 $\varepsilon=1,\alpha>\beta$ 且 $w<\gamma$ 或 $\alpha<\gamma$ 且 $w<\beta$ 时,方程(5-1)具有隐函数解

$$\pm\left\{\left(\frac{1}{2}|a_3|\right)^{\frac{1}{4}}[k(t)x+\omega(t)]-\xi_0\right\}=\frac{1}{\sqrt{(\alpha-\beta)(\alpha-\gamma)}}$$

$$\times\ln\frac{\left\{\sqrt{\left[\left(\frac{1}{2}|a_3|\right)^{\frac{1}{4}}u_6+\frac{p_1}{4}-\beta\right](\gamma-\alpha)}+\sqrt{(\beta-\alpha)\left[\left(\frac{1}{2}|a_3|\right)^{\frac{1}{4}}u_6+\frac{p_1}{4}-\gamma\right]}\right\}^2}{\left|\left(\frac{1}{2}|a_3|\right)^{\frac{1}{4}}u_6+\frac{p_1}{4}-\alpha\right|}.$$

(3)当 $\varepsilon=1,\beta>\alpha>\gamma$ 且 $w>\beta$ 或 $w<\beta$ 时,方程(5-1)具有隐函数解

$$\pm\left\{\left(\frac{1}{2}|a_3|\right)^{\frac{1}{4}}[k(t)x+\omega(t)]-\xi_0\right\}=\frac{1}{\sqrt{(\beta-\alpha)(\alpha-\gamma)}}$$

$$\times\arcsin\frac{\left[\left(\frac{1}{2}|a_3|\right)^{\frac{1}{4}}u_7+\frac{p_1}{4}-\beta\right](\alpha-\gamma)+(\alpha-\beta)\left[\left(\frac{1}{2}|a_3|\right)^{\frac{1}{4}}u_7+\frac{p_1}{4}-\gamma\right]}{\left|\left[\left(\frac{1}{2}|a_3|\right)^{\frac{1}{4}}u_7+\frac{p_1}{4}-\alpha\right](\beta-\gamma)\right|}.$$

(4)当 $\varepsilon=-1,\alpha<\gamma$ 且 $\gamma<w<\beta$ 时,方程(5-1)具有隐函数解

$$\pm\left\{\left(\frac{1}{2}|a_3|\right)^{\frac{1}{4}}[k(t)x+\omega(t)]-\xi_0\right\}=\frac{1}{\sqrt{(\beta-\alpha)(\gamma-\alpha)}}$$

$$\times\ln\frac{\left(\sqrt{\left\{\beta-\left[\frac{1}{2}(|a_3|)^{\frac{1}{4}}u_8-\frac{p_1}{4}\right]\right\}(\gamma-\alpha)}-\sqrt{(\beta-\alpha)\left[\left(\frac{1}{2}|a_3|\right)^{\frac{1}{4}}u_8+\frac{p_1}{4}-\gamma\right]}\right)^2}{\left|\left(\frac{1}{2}|a_3|\right)^{\frac{1}{4}}u_8+\frac{p_1}{4}-\alpha\right|}.$$

(5)当 $\varepsilon=-1,\alpha>\beta$ 且 $\gamma<w<\beta$ 时,方程(5-1)具有隐函数解

$$\pm\left\{\left(\frac{1}{2}|a_3|\right)^{\frac{1}{4}}[k(t)x+\omega(t)]-\xi_0\right\}=\frac{1}{\sqrt{(\alpha-\beta)(\alpha-\gamma)}}$$

$$\times \ln \frac{\left\{\sqrt{\beta-\left[\frac{1}{2}\left(|a_3|\right)^{\frac{1}{4}}u_9-\frac{p_1}{4}\right](\alpha-\gamma)}-\sqrt{(\alpha-\beta)\left[\left(\frac{1}{2}|a_3|\right)^{\frac{1}{4}}u_9+\frac{p_1}{4}-\gamma\right]}\right\}^2}{\left|\left(\frac{1}{2}|a_3|\right)^{\frac{1}{4}}u_9+\frac{p_1}{4}-\alpha\right|}.$$

(6)当$\varepsilon=-1$，当$\beta>\alpha>\gamma$且$\gamma<w<\beta$时，方程(5-1)具有隐函数解

$$\pm\left\{\left(\frac{1}{2}|a_3|\right)^{\frac{1}{4}}[k(t)x+\omega(t)]-\xi_0\right\}=\frac{1}{\sqrt{(\beta-\alpha)(\alpha-\gamma)}}$$

$$\times \arcsin \frac{\left[\left(\frac{1}{2}|a_3|\right)^{\frac{1}{4}}u_{10}+\frac{p_1}{4}-\beta\right](\alpha-\gamma)+(\alpha-\beta)\left[\left(\frac{1}{2}|a_3|\right)^{\frac{1}{4}}u_{10}+\frac{p_1}{4}-\gamma\right]}{\left|\left[\left(\frac{1}{2}|a_3|\right)^{\frac{1}{4}}u_{10}+\frac{p_1}{4}-\alpha\right](\beta-\gamma)\right|}.$$

证明 （1）当$\varepsilon=1$，$\alpha>\beta$且$w>\beta$或$\alpha<\gamma$且$w<\gamma$时，则式(5-12)化为

$$\pm(\xi-\xi_0)=\frac{1}{\sqrt{(\alpha-\beta)(\alpha-\gamma)}}\ln \frac{\left[\sqrt{(w-\beta)(\alpha-\gamma)}+\sqrt{(\alpha-\beta)(w-\gamma)}\right]^2}{|w-\alpha|}.$$

因此方程(5-1)的解为

$$\pm\left\{\left(\frac{1}{2}|a_3|\right)^{\frac{1}{4}}[k(t)x+\omega(t)]-\xi_0\right\}=\frac{1}{\sqrt{(\alpha-\beta)(\alpha-\gamma)}}$$

$$\times \ln \frac{\left\{\sqrt{\left[\left(\frac{1}{2}|a_3|\right)^{\frac{1}{4}}u_5+\frac{p_1}{4}-\beta\right](\alpha-\gamma)}-\sqrt{(\alpha-\beta)\left[\left(\frac{1}{2}|a_3|\right)^{\frac{1}{4}}u_5+\frac{p_1}{4}-\gamma\right]}\right\}^2}{\left|\left(\frac{1}{2}|a_3|\right)^{\frac{1}{4}}u_5+\frac{p_1}{4}-\alpha\right|}.$$

（2）当$\varepsilon=1$，当$\alpha>\beta$且$w<\gamma$或$\alpha<\gamma\sim$且$w<\beta$时，则式(5-12)化为

$$\pm(\xi-\xi_0)=\frac{1}{\sqrt{(\alpha-\beta)(\alpha-\gamma)}}\ln \frac{\left[\sqrt{(w-\beta)(\gamma-\alpha)}+\sqrt{(\beta-\alpha)(w-\gamma)}\right]^2}{|w-\alpha|}.$$

因此方程(5-1)的解为

$$\pm\left\{\left(\frac{1}{2}|a_3|\right)^{\frac{1}{4}}[k(t)x+\omega(t)]-\xi_0\right\}=\frac{1}{\sqrt{(\alpha-\beta)(\alpha-\gamma)}}$$

$$\times \ln \frac{\left\{\sqrt{\left[\left(\frac{1}{2}|a_3|\right)^{\frac{1}{4}}u_6+\frac{p_1}{4}-\beta\right](\gamma-\alpha)}+\sqrt{(\beta-\alpha)\left[\left(\frac{1}{2}|a_3|\right)^{\frac{1}{4}}u_6+\frac{p_1}{4}-\gamma\right]}\right\}^2}{\left|\left(\frac{1}{2}|a_3|\right)^{\frac{1}{4}}u_6+\frac{p_1}{4}-\alpha\right|}.$$

（3）当 $\varepsilon=1$，当 $\beta>\alpha>\gamma$ 且 $w>\beta$ 或 $w<\gamma$ 时，则式（5-12）化为

$$\pm(\xi-\xi_0)=\frac{1}{\sqrt{(\beta-\alpha)(\alpha-\gamma)}}\arcsin\frac{(w-\beta)(\alpha-\gamma)+(\alpha-\beta)(w-\gamma)}{|(w-\alpha)(\beta-\gamma)|}.$$

因此方程（5-1）的解为

$$\pm\left\{\left(\frac{1}{2}|a_3|\right)^{\frac{1}{4}}[k(t)x+\omega(t)]-\xi_0\right\}=\frac{1}{\sqrt{(\beta-\alpha)(\alpha-\gamma)}}$$

$$\times\arcsin\frac{\left[\left(\frac{1}{2}|a_3|\right)^{\frac{1}{4}}u_7+\frac{p_1}{4}-\beta\right](\alpha-\gamma)+(\alpha-\beta)\left[\left(\frac{1}{2}|a_3|\right)^{\frac{1}{4}}u_7+\frac{p_1}{4}-\gamma\right]}{\left|\left[\left(\frac{1}{2}|a_3|\right)^{\frac{1}{4}}u_7+\frac{p_1}{4}-\alpha\right](\beta-\gamma)\right|}.$$

（4）当 $\varepsilon=-1$，当 $\alpha<\gamma$ 且 $\gamma<w<\beta$ 时，则式（5-12）化为

$$\pm(\xi-\xi_0)=\frac{1}{\sqrt{(\beta-\alpha)(\gamma-\alpha)}}\ln\frac{\left[\sqrt{(\beta-w)(\gamma-\alpha)}-\sqrt{(\beta-\alpha)(w-\gamma)}\right]^2}{|w-\alpha|}.$$

因此方程（5-1）的解为

$$\pm\left\{\left(\frac{1}{2}|a_3|\right)^{\frac{1}{4}}[k(t)x+\omega(t)]-\xi_0\right\}=\frac{1}{\sqrt{(\beta-\alpha)(\gamma-\alpha)}}$$

$$\times\ln\frac{\left(\sqrt{\left\{\beta-\left[\left(\frac{1}{2}|a_3|\right)^{\frac{1}{4}}u_8-\frac{p_1}{4}\right]\right\}(\gamma-\alpha)}-\sqrt{(\beta-\alpha)\left[\left(\frac{1}{2}|a_3|\right)^{\frac{1}{4}}u_8+\frac{p_1}{4}-\gamma\right]}\right)^2}{\left|\left(\frac{1}{2}|a_3|\right)^{\frac{1}{4}}u_8+\frac{p_1}{4}-\alpha\right|}.$$

（5）当 $\varepsilon=-1$，当 $\alpha>\beta$ 且 $\gamma<w<\beta$ 时，则式（5-12）化为

$$\pm(\xi-\xi_0)=\frac{1}{\sqrt{(\alpha-\beta)(\alpha-\gamma)}}\ln\frac{\left[\sqrt{(\beta-w)(\alpha-\gamma)}-\sqrt{(\alpha-\beta)(w-\gamma)}\right]^2}{|w-\alpha|}.$$

因此方程（5-1）的解为

$$\pm\left\{\left(\frac{1}{2}|a_3|\right)^{\frac{1}{4}}[k(t)x+\omega(t)]-\xi_0\right\}=\frac{1}{\sqrt{(\alpha-\beta)(\alpha-\gamma)}}$$

$$\times\ln\frac{\left(\sqrt{\left\{\beta-\left[\left(\frac{1}{2}|a_3|\right)^{\frac{1}{4}}u_9-\frac{p_1}{4}\right]\right\}(\alpha-\gamma)}-\sqrt{(\alpha-\beta)\left[\left(\frac{1}{2}|a_3|\right)^{\frac{1}{4}}u_9+\frac{p_1}{4}-\gamma\right]}\right)^2}{\left|\left(\frac{1}{2}|a_3|\right)^{\frac{1}{4}}u_9+\frac{p_1}{4}-\alpha\right|}$$

(6)当 $\varepsilon=-1$,当 $\beta>\alpha>\gamma$ 且 $\gamma<w<\beta$ 时,则式(5-12)化为

$$\pm(\xi-\xi_0)=\frac{1}{\sqrt{(\beta-\alpha)(\alpha-\gamma)}}\arcsin\frac{(\beta-w)(\alpha-\gamma)+(\beta-\alpha)(w-\gamma)}{|(w-\alpha)(\beta-\gamma)|},$$

相应的解为

$$\pm\left\{\left(\frac{1}{2}|a_3|\right)^{\frac{1}{4}}[k(t)x+\omega(t)]-\xi_0\right\}=\frac{1}{\sqrt{(\beta-\alpha)(\alpha-\gamma)}}$$

$$\times\arcsin\frac{\left[\left(\frac{1}{2}|a_3|\right)^{\frac{1}{4}}u_{10}+\frac{p_1}{4}-\beta\right](\alpha-\gamma)+(\alpha-\beta)\left[\left(\frac{1}{2}|a_3|\right)^{\frac{1}{4}}u_{10}+\frac{p_1}{4}-\gamma\right]}{\left|\left[\left(\frac{1}{2}|a_3|\right)^{\frac{1}{4}}u_{10}+\frac{p_1}{4}-\alpha\right](\beta-\gamma)\right|}.$$

证明完毕.

定理 5.6 设 $F(w)=(w-\alpha)^3(w-\beta)$,其中 α,β 是实数.

(1)当 $\varepsilon=1,w>\alpha$ 且 $w>\beta$ 或 $w<\alpha$ 且 $w<\beta$ 时,方程(5-1)具有有理函数解

$$u_{11}(x,t)=\left(\frac{1}{2}a_3\right)^{-\frac{1}{4}}\left[\left(\frac{4(\beta-\alpha)}{(\alpha-\beta)^2\left\{\left(\frac{1}{2}a_3\right)^{\frac{1}{4}}[k(t)x+\omega(t)]-\xi_0\right\}^2-4}+\beta\right)-\frac{p_1}{4}\right].$$

$$(5-15)$$

(2)当 $\varepsilon=-1,\alpha<w<\beta$ 或 $\beta<w<\alpha$ 时,方程(5-1)具有有理函数解

$$u_{12}(x,t)=\left(\frac{1}{2}a_3\right)^{-\frac{1}{4}}\left[\left(\frac{4(\alpha-\beta)}{(\alpha-\beta)^2\left\{\left(\frac{1}{2}a_3\right)^{\frac{1}{4}}[k(t)x+\omega(t)]-\xi_0\right\}^2+4}+\beta\right)-\frac{p_1}{4}\right].$$

$$(5-16)$$

证明 (1)当 $\varepsilon=1,w>\alpha$ 且 $w>\beta$ 或 $w<\alpha$ 且 $w<\beta$ 时,则式(5-12)化为

$$\pm(\xi-\xi_0)=\int\frac{\mathrm{d}w}{(w-\alpha)\sqrt{(w-\alpha)(w-\beta)}}=\frac{-2}{\alpha-\beta}\sqrt{\frac{w-\alpha}{w-\beta}},$$

从而

$$\pm(\xi-\xi_0)=\int\frac{\mathrm{d}w}{(w-\alpha)\sqrt{(w-\alpha)(w-\beta)}}=\frac{-2}{\alpha-\beta}\sqrt{\frac{w-\alpha}{w-\beta}}.$$

因此方程(5-1)的解为

$$u_{11}(x,t)=\left(\frac{1}{2}a_3\right)^{-\frac{1}{4}}\left[\left(\frac{4(\beta-\alpha)}{(\alpha-\beta)^2\left\{\left(\frac{1}{2}a_3\right)^{\frac{1}{4}}[k(t)x+\omega(t)]-\xi_0\right\}^2-4}+\beta\right)-\frac{p_1}{4}\right].$$

（2）当 $\varepsilon=-1,\alpha<w<\beta$ 或 $\beta<w<\alpha$ 时，则式（5-12）化为

$$\pm(\xi-\xi_0)=\int\frac{\mathrm{d}w}{(w-\alpha)\sqrt{(w-\alpha)(w-\beta)}}=\frac{-2}{\alpha-\beta}\sqrt{\frac{\alpha-\omega}{w-\beta}},$$

从而

$$w=\frac{4(\alpha-\beta)}{(\alpha-\beta)^2(\xi-\xi_0)^2+4}+\beta.$$

因此方程（5-1）的解为

$$u_{12}(x,t)=\left(\frac{1}{2}a_3\right)^{-\frac{1}{4}}\left[\left(\frac{4(\alpha-\beta)}{(\alpha-\beta)^2\left\{\left(\frac{1}{2}a_3\right)^{\frac{1}{4}}[k(t)x+\omega(t)]-\xi_0\right\}^2+4}+\beta\right)-\frac{p_1}{4}\right].$$

证明完毕.

定理 5.7 设 $F(w)=(w-\alpha)^2[(w-l_1)^2+s_1^2]$，其中 α,l_1,s_1 是实数，则方程（5-12）具有指数函数解

$$u_{13}(x,t)=\left(\frac{1}{2}a_3\right)^{-\frac{1}{4}}\left\{\frac{\exp\left(\pm\delta\left\{\left(\frac{1}{2}a_3\right)^{\frac{1}{4}}[k(t)x+\omega(t)]-\xi_0\right\}\right)-\gamma+(\alpha-\gamma)\delta}{\left[\exp\left(\pm\delta\left\{\left(\frac{1}{2}a_3\right)^{\frac{1}{4}}[k(t)x+\omega(t)]-\xi_0\right\}\right)-\gamma\right]^2-1}\frac{p}{4}\right\},$$

$$(5-17),$$

其中

$$\delta=\sqrt{(\alpha-l_1)^2+s_1^2},$$
$$\gamma=(\alpha-2l_1)/\sqrt{(\alpha-l_1)^2+s_1^2}.$$

证明 当 $F(w)=(w-\alpha)^2[(w-l_1)^2+s_1^2]$ 时，此时必有 $\varepsilon=1$，则式（5-12）化为

$$\pm(\xi-\xi_0)=\int\frac{\mathrm{d}w}{(w-a)\sqrt{(w-l_1)^2+s_1^2}}=\frac{1}{\delta}\ln\left|\frac{\gamma w+\delta-\gamma-\sqrt{(w-l_1)^2+s_1^2}}{w-\alpha}\right|,$$

从而

$$w = \frac{\exp[\pm\delta(\xi-\xi_0)]-\gamma+(\alpha-\gamma)\delta}{\{\exp[\pm\delta(\xi-\xi_0)]-\gamma\}^2-1}.$$

因此式(5-2)的解为

$$u_{13}(x,t) = \left(\frac{1}{2}a_3\right)^{-\frac{1}{4}} \left\{ \frac{\exp\left(\pm\delta\left\{\left(\frac{1}{2}a_3\right)^{\frac{1}{4}}[k(t)x+\omega(t)]-\xi_0\right\}\right)-\gamma+(\alpha-\gamma)\delta}{\left[\exp\left(\pm\delta\left\{\left(\frac{1}{2}a_3\right)^{\frac{1}{4}}[k(t)x+\omega(t)]-\xi_0\right\}\right)-\gamma\right]^2-1} \frac{p}{4}\right\}.$$

证明完毕.

定理 5.8 设 $F(w)=(w-\alpha_1)(w-\alpha_2)(w-\alpha_3)(w-\alpha_4)$,其中 $\alpha_1,\alpha_2,\alpha_3,\alpha_4$ 是实数,且 $\alpha_1>\alpha_2>\alpha_3>\alpha_4$.

(1)当 $\varepsilon=1,w>\alpha_1$ 或 $w<\alpha_4$ 时,方程(5-1)具有椭圆函数解

$$u_{14}(x,t) = \left(\frac{1}{2}a_3\right)^{-\frac{1}{4}} \left[\frac{\alpha_2(\alpha_1-\alpha_4)\operatorname{sn}^2\left(\tau\left\{\left(\frac{1}{2}a_3\right)^{\frac{1}{4}}[k(t)x+\omega(t)]-\xi_0\right\},m\right)-\alpha_1(\alpha_2-\alpha_4)}{(\alpha_1-\alpha_4)\operatorname{sn}^2\left(\tau\left\{\left(\frac{1}{2}a_3\right)^{\frac{1}{4}}[k(t)x+\omega(t)]-\xi_0\right\},m\right)-(\alpha_2-\alpha_4)} \frac{p}{4}\right].$$

(2)当 $\varepsilon=1,\alpha_2<w<\alpha_3$ 时,方程(5-1)具有椭圆函数解

$$u_{15}(x,t) = \left(\frac{1}{2}a_3\right)^{-\frac{1}{4}} \left[\frac{\alpha_4(\alpha_1-\alpha_4)\operatorname{sn}^2\left(\tau\left\{\left(\frac{1}{2}a_3\right)^{\frac{1}{4}}[k(t)x+\omega(t)]-\xi_0\right\},m\right)-\alpha_3(\alpha_2-\alpha_4)}{(\alpha_2-\alpha_3)\operatorname{sn}^2\left(\tau\left\{\left(\frac{1}{2}a_3\right)^{\frac{1}{4}}[k(t)x+\omega(t)]-\xi_0\right\},m\right)-(\alpha_2-\alpha_4)} \frac{p}{4}\right].$$

(3)当 $\varepsilon=-1,\alpha_1<w<\alpha_1$ 时,方程(5-1)具有椭圆函数解

$$u_{16}(x,t) = \left(\frac{1}{2}a_3\right)^{-\frac{1}{4}} \left[\frac{\alpha_3(\alpha_1-\alpha_2)\operatorname{sn}^2\left(\tau\left\{\left(\frac{1}{2}a_3\right)^{\frac{1}{4}}[k(t)x+\omega(t)]-\xi_0\right\},m'\right)-\alpha_2(\alpha_1-\alpha_3)}{(\alpha_1-\alpha_2)\operatorname{sn}^2\left(\tau\left\{\left(\frac{1}{2}a_3\right)^{\frac{1}{4}}[k(t)x+\omega(t)]-\xi_0\right\},m'\right)-(\alpha_1-\alpha_3)} \frac{p}{4}\right].$$

(4)当 $\varepsilon=-1,\alpha_4<w<\alpha_3$ 时,方程(5-1)具有椭圆函数解

$$u_{17}(x,t) = \left(\frac{1}{2}a_3\right)^{-\frac{1}{4}} \left[\frac{\alpha_1(\alpha_3-\alpha_4)\operatorname{sn}^2\left(\tau\left\{\left(\frac{1}{2}a_3\right)^{\frac{1}{4}}[k(t)x+\omega(t)]-\xi_0\right\},m'\right)-\alpha_4(\alpha_3-\alpha_1)}{(\alpha_3-\alpha_4)\operatorname{sn}^2\left(\tau\left\{\left(\frac{1}{2}a_3\right)^{\frac{1}{4}}[k(t)x+\omega(t)]-\xi_0\right\},m'\right)-(\alpha_3-\alpha_1)} \frac{p}{4}\right].$$

其中

$$\tau = \frac{\sqrt{(\alpha_1 - \alpha_3)(\alpha_2 - \alpha_4)}}{2},$$

$$m = \sqrt{\frac{(\alpha_1 - \alpha_4)(\alpha_2 - \alpha_3)}{(\alpha_1 - \alpha_3)(\alpha_2 - \alpha_4)}},$$

$$m' = \sqrt{\frac{(\alpha_1 - \alpha_2)(\alpha_3 - \alpha_4)}{(\alpha_1 - \sigma_3)(\alpha_2 - \alpha_4)}}.$$

证明 （1）当 $\varepsilon = 1, w > \alpha_1$ 或 $w < \alpha_4$ 时,作代换

$$w = \frac{\alpha_2(\alpha_1 - \alpha_4)\sin^2\varphi - \alpha_1(\alpha_2 - \alpha_4)}{(\alpha_1 - \alpha_4)\sin^2\varphi - (\alpha_2 - \alpha_4)},$$

则式(5-12)化为

$$\pm(\xi - \xi_0) = \int \frac{\mathrm{d}w}{\sqrt{(w - \alpha_1)(w - \alpha_2)(w - \alpha_3)(w - \alpha_4)}} = \frac{1}{\tau}\int \frac{\mathrm{d}w}{\sqrt{1 - m^2\sin^2\varphi}}.$$

由 Jacobi 椭圆函数的定义知

$$\mathrm{sn}[\tau(\xi - \xi_0), m] = \sin\varphi,$$

从而

$$w = \frac{\alpha_1(\alpha_3 - \alpha_4)\mathrm{sn}^2[\tau(\xi - \xi_0), m] - \alpha_4(\alpha_3 - \alpha_1)}{(\alpha_3 - \alpha_4)\mathrm{sn}^2[\tau(\xi - \xi_0), m] - (\alpha_3 - \alpha_1)}.$$

因此方程(5-1)的解为

$$u_{14}(x,t) = \left(\frac{1}{2}a_3\right)^{-\frac{1}{4}}\left[\frac{\alpha_2(\alpha_1 - \alpha_4)\mathrm{sn}^2\left(\tau\left\{\left(\frac{1}{2}a_3\right)^{\frac{1}{4}}[k(t)x + \omega(t)] - \xi_0\right\}, m\right) - \alpha_1(\alpha_2 - \alpha_4)}{(\alpha_1 - \alpha_4)\mathrm{sn}^2\left(\tau\left\{\left(\frac{1}{2}a_3\right)^{\frac{1}{4}}[k(t)x + \omega(t)] - \xi_0\right\}, m\right) - (\alpha_2 - \alpha_4)}\frac{p}{4}\right].$$

（2）当 $\varepsilon = 1, \alpha_3 < w < \alpha_2$ 时,作代换

$$w = \frac{\alpha_4(\alpha_2 - \alpha_3)\sin^2\varphi - \alpha_3(\alpha_2 - \alpha_4)}{(\alpha_2 - \alpha_3)\sin^2\varphi - (\alpha_2 - \alpha_4)},$$

则式(5-1)化为

$$\pm(\xi - \xi_0) = \int \frac{\mathrm{d}w}{\sqrt{(w - \alpha_1)(w - \alpha_2)(w - \alpha_3)(w - \alpha_4)}} = \frac{1}{\tau}\int \frac{\mathrm{d}w}{\sqrt{1 - m^2\sin^2\varphi}}.$$

由 Jacobi 椭圆函数的定义知

$$\mathrm{sn}[\tau(\xi-\xi_0),m]=\sin\varphi,$$

从而

$$w=\frac{\alpha_4(\alpha_1-\alpha_4)\mathrm{sn}^2[\tau(\xi-\xi_0),m]-\alpha_3(\alpha_2-\alpha_4)}{(\alpha_2-\alpha_3)\mathrm{sn}^2[\tau(\xi-\xi_0),m]-(\alpha_2-\alpha_4)}.$$

因此方程(5-1)的解为

$$u_{15}(x,t)=\left(\frac{1}{2}a_3\right)^{-\frac{1}{4}}\left[\frac{\alpha_4(\alpha_1-\alpha_4)\mathrm{sn}^2\left(\tau\left\{\left(\frac{1}{2}a_3\right)^{\frac{1}{4}}[k(t)x+\omega(t)]-\xi_0\right\},m\right)-\alpha_3(\alpha_2-\alpha_4)}{(\alpha_2-\alpha_3)\mathrm{sn}^2\left(\tau\left\{\left(\frac{1}{2}a_3\right)^{\frac{1}{4}}[k(t)x+\omega(t)]-\xi_0\right\},m\right)-(\alpha_2-\alpha_4)}\frac{p}{4}\right].$$

（3）当 $\varepsilon=-1,\alpha_2<w<\alpha_1$ 时,作代换

$$w=\frac{\alpha_3(\alpha_1-\alpha_2)\sin^2\varphi-\alpha_2(\alpha_1-\alpha_3)}{(\alpha_1-\alpha_2)\sin^2\varphi-(\alpha_1-\alpha_3)},$$

则式(5-12)化为

$$\pm(\xi-\xi_0)=\int\frac{\mathrm{d}w}{\sqrt{(w-\alpha_1)(w-\alpha_2)(w-\alpha_3)(w-\alpha_4)}}=\frac{1}{\tau}\int\frac{\mathrm{d}w}{\sqrt{1-(m')^2\sin^2\varphi}}.$$

由 Jacobi 椭圆函数的定义知

$$\mathrm{sn}[\tau(\xi-\xi_0),m']=\sin\varphi,$$

从而

$$w=\frac{\alpha_3(\alpha_1-\alpha_2)\mathrm{sn}^2[\tau(\xi-\xi_0),m']-\alpha_2(\alpha_1-\alpha_3)}{(\alpha_1-\alpha_2)\mathrm{sn}^2[\tau(\xi-\xi_0),m']-(\alpha_1-\alpha_3)}.$$

因此方程(5-1)的解为

$$u_{16}(x,t)=\left(\frac{1}{2}a_3\right)^{-\frac{1}{4}}\left[\frac{\alpha_3(\alpha_1-\alpha_2)\mathrm{sn}^2\left(\tau\left\{\left(\frac{1}{2}a_3\right)^{\frac{1}{4}}[k(t)x+\omega(t)]-\xi_0\right\},m\right)-\alpha_2(\alpha_1-\alpha_3)}{(\alpha_1-\alpha_2)\mathrm{sn}^2\left(\tau\left\{\left(\frac{1}{2}a_3\right)^{\frac{1}{4}}[k(t)x+\omega(t)]-\xi_0\right\},m\right)-(\alpha_1-\alpha_3)}\frac{p}{4}\right].$$

（4）当 $\varepsilon=-1,\alpha_4<w<\alpha_3$ 时,作代换

$$w=\frac{\alpha_1(\alpha_3-\alpha_4)\sin^2\varphi-\alpha_4(\alpha_3-\alpha_1)}{(\alpha_3-\alpha_4)\sin^2\varphi-(\alpha_3-\alpha_1)},$$

则式(5-12)化为

$$\pm(\xi-\xi_0)=\int\frac{\mathrm{d}w}{\sqrt{(w-\alpha_1)(w-\alpha_2)(w-\alpha_3)(w-\alpha_4)}}=\frac{1}{\tau}\int\frac{\mathrm{d}w}{\sqrt{1-(m')^2\sin^2\varphi}}.$$

由 Jacobi 椭圆函数的定义知

$$\mathrm{sn}[\tau(\xi-\xi_0),m']=\sin\varphi,$$

从而

$$w=\frac{\alpha_1(\alpha_3-\alpha_4)\mathrm{sn}^2[\tau(\xi-\xi_0),m']-\alpha_4(\alpha_3-\alpha_1)}{(\alpha_3-\alpha_4)\mathrm{sn}^2[\tau(\xi-\xi_0),m']-(\alpha_3-\alpha_1)}.$$

因此方程(5-1)的解为

$$u_{17}(x,t)=\left(\frac{1}{2}a_3\right)^{-\frac{1}{4}}\left[\frac{\alpha_1(\alpha_3-\alpha_4)\mathrm{sn}^2\left(\tau\left\{\left(\frac{1}{2}a_3\right)^{\frac{1}{4}}[k(t)x+\omega(t)]-\xi_0\right\},m'\right)-\alpha_4(\alpha_3-\alpha_1)}{(\alpha_3-\alpha_4)\mathrm{sn}^2\left(\tau\left\{\left(\frac{1}{2}a_3\right)^{\frac{1}{4}}[k(t)x+\omega(t)]-\xi_0\right\},m'\right)-(\alpha_3-\alpha_1)}\frac{p}{4}\right].$$

证明完毕.

定理 5.9 设 $F(w)=(w-\alpha)(w-\beta)[(w-l_1)^2+s_1^2]$，其中 α,β,l_1,s_1 是实数，且 $\alpha>\beta,s_1>0$，则方程(5-1)具有椭圆函数解

$$u_{18}(x,t)=\left(\frac{1}{2}\alpha_3\right)^{-\frac{1}{4}}\left[\frac{a_1\mathrm{cn}\left(\varsigma\left\{\left(\frac{1}{2}a_3\right)^{-\frac{1}{4}}[k(t)x+\omega(t)]-\xi_0\right\},m\right)+b_1}{c_1\mathrm{cn}\left(\varsigma\left\{\left(\frac{1}{2}a_3\right)^{-\frac{1}{4}}[k(t)x+\omega(t)]-\xi_0\right\},m\right)+d_1}\frac{p_1}{4}\right],$$

$$(5-18)$$

其中

$$a_1=\frac{1}{2}[(\alpha+\beta)c_1-(\alpha-\beta)d_1],$$

$$b_1=\frac{1}{2}[(\alpha+\beta)d_1-(\alpha-\beta)c_1],$$

$$c_1=a_1-l_1-\frac{s_1}{m_1},$$

$$d_1=a_1-l_1-s_1m_1,$$

$$E=\frac{s_1^2+(\alpha-l_1)(\beta-l_1)}{s_1(\alpha-\beta)},$$

$$m_1=E-\sqrt{E^2+1},$$

$$m^2=\frac{1}{1+m_1^2},$$

$$\varsigma = \frac{\sqrt{\mp 2s_1 m_1 (\alpha - \beta)}}{2mm_1}.$$

证明 作代换

$$w = \frac{a_1 \cos\varphi + b_1}{c_1 \cos\varphi + d_1},$$

则式(5-12)化为

$$\pm(\xi - \xi_0) = \int \frac{\mathrm{d}w}{\sqrt{(w-\alpha)(w-\beta)[(w-l_1)^2 + s_1^2]}} = \frac{1}{\varsigma} \int \frac{\mathrm{d}\varphi}{\sqrt{1 - m^2 \sin^2\varphi}}.$$

由 Jacobi 椭圆函数的定义知

$$\mathrm{cn}[\varsigma(\xi - \xi_0), m] = \cos\varphi.$$

从而

$$w = \frac{a_1 \mathrm{cn}[\varsigma(\xi - \xi_0), m] + b_1}{c_1 \mathrm{cn}[\varsigma(\xi - \xi_0), m] + d_1},$$

相应的解为

$$u_{18}(x,t) = \left(\frac{1}{2}\alpha_3\right)^{-\frac{1}{4}} \left[\frac{a_1 \mathrm{cn}\left(\varsigma\left\{\left(\frac{1}{2}a_3\right)^{-\frac{1}{4}}[k(t)x + \omega(t)] - \xi_0\right\}, m\right) + b_1}{c_1 \mathrm{cn}\left(\varsigma\left\{\left(\frac{1}{2}a_3\right)^{-\frac{1}{4}}[k(t)x + \omega(t)] - \xi_0\right\}, m\right) + d_1} - \frac{p_1}{4}\right].$$

这里负号对应 $\varepsilon = 1$,正号对应 $\varepsilon = -1$.证明完毕.

定理 5.10 设 $F(w) = [(w-l_1)^2 + s_1^2][(w-l_2)^2 + s_2^2]$,其中 l_1, l_2, s_1, s_2 是实数,且 $s_1 > 0, s_2 > 0$,则方程(5-1)具有椭圆函数解

$$u_{19}(x,t) = \left(\frac{1}{2}\alpha_3\right)^{-\frac{1}{4}} \left\{\frac{a_1 \mathrm{sn}[\eta(\xi - \xi_0), m] + b_1 \mathrm{cn}[\eta(\xi - \xi_0), m]}{c_1 \mathrm{sn}[\eta(\xi - \xi_0), m] + d_1 \mathrm{cn}[\eta(\xi - \xi_0), m]} - \frac{p_1}{4}\right\}, \quad (5-19)$$

其中

$$c_1 = -s_1 - \frac{s_2}{m_1},$$

$$d_1 = l_1 - l_2,$$

$$a_1 = l_1 c_1 + s_1 d_1,$$

$$b_1 = l_1 d_1 - s_1 c_1,$$

$$E = \frac{s_1^2 + s_2^2 + (l_1 - l_2)^2}{2s_1 s_2},$$

84

$$m_1 = E + \sqrt{E^2 - 1},$$

$$m^2 = 1 - \frac{1}{m_1^2},$$

$$\eta = s_2 \sqrt{\frac{m_1^2 c^2 + d^2}{c^2 + d^2}},$$

$$\xi = \left(\frac{1}{2} a_3\right)^{\frac{1}{4}} \left[k(t) x + \omega(t) \right].$$

证明　作代换

$$w = \frac{a_1 \tan\varphi + b_1}{c_1 \tan\varphi + d_1},$$

则式(5-12)化为

$$\pm(\xi - \xi_0) = \int \frac{\mathrm{d}w}{\sqrt{\left[(w - l_1)^2 + s_1^2 \right]\left[(w - l_2)^2 + s_2^2 \right]}} = \frac{1}{\eta} \int \frac{\mathrm{d}\varphi}{\sqrt{1 - m^2 \sin^2 \varphi}} .$$

由 Jacobi 椭圆函数的定义知

$$\mathrm{sn}\left[\eta(\xi - \xi_0), m \right] = \sin\varphi,$$

$$\mathrm{cn}\left[\eta(\xi - \xi_0), m \right] = \cos\varphi,$$

从而

$$w = \frac{a_1 \mathrm{sn}\left[\eta(\xi - \xi_0), m \right] + b_1 \mathrm{cn}\left[\eta(\xi - \xi_0), m \right]}{c_1 \mathrm{sn}\left[\eta(\xi - \xi_0), m \right] + d_1 \mathrm{cn}\left[\eta(\xi - \xi_0), m \right]}.$$

因此方程(5-1)的解为

$$u_{19}(x, t) = \left(\frac{1}{2} a_3\right)^{-\frac{1}{4}} \left\{ \frac{a_1 \mathrm{sn}\left[\eta(\xi - \xi_0), m \right] + b_1 \mathrm{cn}\left[\eta(\xi - \xi_0), m \right]}{c_1 \mathrm{sn}\left[\eta(\xi - \xi_0), m \right] + d_1 \mathrm{cn}\left[\eta(\xi - \xi_0), m \right]} - \frac{p_1}{4} \right\}.$$

这里负号对应 $\varepsilon = 1$,正号对应 $\varepsilon = -1$.证明完毕.

5.3　自由参数为$-\dfrac{1}{2}$时的精确解

当 $\theta = -\dfrac{1}{2}$ 时,式(5-5)可化为

$$(u')^2 = b_0 u^2 + b_1 u^{\frac{3}{2}} + b_2 u + E, \tag{5-20}$$

其中

$$b_0 = a_1, \quad b_1 = \frac{4}{3} a_{\frac{1}{2}}, \quad b_2 = 4\alpha_0.$$

作代换 $v=\sqrt{u}$，则式(5-20)变形为

$$\left(v'\right)^2=\frac{b_0v^4+b_1v^3+b_2v^2+E}{4v^2}.\qquad(5-21)$$

当 $E=0$ 时，将式(5-21)可转化为如下初等积分的形式

$$\pm\frac{\sqrt{|b_0|}}{2}(\xi-\xi_0)=\int\frac{\mathrm{d}v}{\sqrt{\varepsilon(v^2+q_3v+r^3)}},\qquad(5-22)$$

其中 $q_3=b_1/b_0,\ r_3=b_2/b_0$.

定理 5.11 设 $\Delta=q_3^2-4r_3$.

(1)当 $E=0,\Delta=0$ 时，方程(5-1)有精确解

$$u=\left\{-\frac{q_3}{2}\pm\exp\left[\pm\frac{\sqrt{|b_0|}}{2}(\xi-\xi_0)\right]\right\}^2.\qquad(5-23)$$

(2)当 $E=0,\Delta<0$ 时，方程(5-1)有精确解

$$u=\left[\pm\frac{1}{2}\mathrm{e}^{\pm\frac{\sqrt{|b_0|}}{2}(\xi-\xi_0)}+\frac{q_3^2-4r_3}{8}\mathrm{e}^{\mp\frac{\sqrt{|b_0|}}{2}(\xi-\xi_0)}\mp\frac{q_3}{2}\right]^2.\qquad(5-24)$$

(3)当 $E=0,\Delta>0$ 时，$\varepsilon=1$，方程(5-1)有精确解

$$u=\left[\pm\frac{1}{2}\mathrm{e}^{\pm\frac{\sqrt{|b_0|}}{2}(\xi-\xi_0)}+\frac{q_3^2-4r_3}{8}\mathrm{e}^{\mp\frac{\sqrt{|b_0|}}{2}(\xi-\xi_0)}\mp\frac{q_3}{2}\right]^2.\qquad(5-25)$$

(4)当 $E=0,\Delta>0$ 时，$\varepsilon=-1$，方程(5-1)有精确解

$$u=\left(-\frac{1}{2}\left\{\pm\sqrt{q_3^2-4r_3}\sin\left[\pm\frac{\sqrt{|b_0|}}{2}(\xi-\xi_0)\right]+q_3\right\}\right)^2.\qquad(5-26)$$

证明 （1）当 $\Delta=q_3^2-4r_3=0$ 时，此时必有 $\varepsilon=1$，则式(5-22)化为

$$\pm\sqrt{\frac{\sqrt{|b_0|}}{2}}(\xi-\xi_0)=\int\frac{\mathrm{d}v}{\sqrt{\left(v+\frac{q_3}{2}\right)^2}}=\ln\left|v+\frac{q_3}{2}\right|,$$

从而

$$v=-\frac{q_3}{2}\pm\exp\left[\pm\frac{\sqrt{|b_0|}}{2}(\xi-\xi_0)\right].$$

因此方程(5-1)的解为

$$u=\left\{-\frac{q_3}{2}\pm\exp\left[\pm\frac{\sqrt{|b_0|}}{2}(\xi-\xi_0)\right]\right\}^2.$$

（2）当 $\Delta = q_3^2 - 4r_3 < 0$ 时，此时必有 $\varepsilon = 1$，则式（5-22）化为

$$\pm \frac{\sqrt{|b_0|}}{2}(\xi - \xi_0) = \int \frac{\mathrm{d}v}{\sqrt{v^2 + q_3 v + r_3}} = \int \frac{\mathrm{d}v}{\sqrt{\left(v + \frac{q_3}{2}\right)^2 + \frac{4r_3 - q_3^2}{4}}},$$

从而

$$\pm \frac{\sqrt{|b_0|}}{2}(\xi - \xi_0) = \ln\left(v + \frac{q_3}{2} + \sqrt{v^2 + q_3 v + r_3}\right).$$

因此方程（5-1）的解为

$$u = \left[\pm \frac{1}{2}\mathrm{e}^{\pm \frac{\sqrt{|b_0|}}{2}(\xi - \xi_0)} + \frac{q_3^2 - 4r_3}{8}\mathrm{e}^{\mp \frac{\sqrt{|b_0|}}{2}(\xi - \xi_0)} \mp \frac{q_3}{2}\right]^2.$$

（3）当 $\Delta = q_3^2 - 4r_3 > 0$ 时，此时 $v^2 + q_3 v + r_3 = 0$ 有两个不等实根 α 和 β，且 $\alpha > \beta$，当 $\varepsilon = 1$ 时，$v > \beta$ 或 $v < \alpha$，则式（5-22）化为

$$\pm \frac{\sqrt{|b_0|}}{2}(\xi - \xi_0) = \int \frac{\mathrm{d}v}{\sqrt{(v - \alpha)(v - \beta)}},$$

从而

$$v = \pm \frac{1}{2}\mathrm{e}^{\pm \frac{\sqrt{|b_0|}}{2}(\xi - \xi_0)} + \frac{q_3^2 - 4r_3}{8}\mathrm{e}^{\mp \frac{\sqrt{|b_0|}}{2}(\xi - \xi_0)} \mp \frac{q_3}{2}.$$

因此方程（5-1）的解为

$$u = \left[\pm \frac{1}{2}\mathrm{e}^{\pm \frac{\sqrt{|b_0|}}{2}(\xi - \xi_0)} + \frac{q_3^2 - 4r_3}{8}\mathrm{e}^{\mp \frac{\sqrt{|b_0|}}{2}(\xi - \xi_0)} \mp \frac{q_3}{2}\right]^2.$$

（4）当 $\Delta = q_3^2 - 4r_3 > 0$ 时，此时 $v^2 + q_3 v + r_3 = 0$ 有两个不等实根 α 和 β，且 $\alpha > \beta$，当 $\varepsilon = -1$ 时，$\alpha < v < \beta$，则式（5-22）化为

$$\pm \frac{\sqrt{|b_0|}}{2}(\xi - \xi_0) = \int \frac{\mathrm{d}v}{\sqrt{-(v - \alpha)(v - \beta)}},$$

从而

$$v = -\frac{1}{2}\left\{\pm \sqrt{q_3^2 - 4r_3}\sin\left[\pm \frac{\sqrt{|b_0|}}{2}(\xi - \xi_0)\right] + q_3\right\}.$$

因此方程（5-1）的解为

$$u = \left(-\frac{1}{2}\left\{\pm \sqrt{q_3^2 - 4r_3}\sin\left[\pm \frac{\sqrt{|b_0|}}{2}(\xi - \xi_0)\right] + q_3\right\}\right)^2.$$

证明完毕.

当 $E \neq 0$ 时,式(5-21)可化为如下初等积分的形式

$$\pm\sqrt{|b_0|}(\xi-\xi_0) = \int \frac{2v\,dv}{\sqrt{\varepsilon\left(v^4+\dfrac{b_1}{b_0}v^3+\dfrac{b_2}{b_0}v^2+\dfrac{E}{b_0}\right)}}, \qquad (5-27)$$

作代换 $f=v+a$,其中 $a=b_1/(4b_0)$,则式(5-27)化为

$$\pm\sqrt{|b_0|}(\xi-\xi_0) = \int \frac{2(f-a)\,df}{\sqrt{\varepsilon(f^4+q_4f^2+r_4f+s_4)}}. \qquad (5-28)$$

其中

$$q_4 = -\frac{3b_1^2}{8b_0^2}+\frac{b_2}{b_0},$$

$$r_4 = \frac{3b_1^3}{8b_0^3}-\frac{b_1b_2}{2b_0^2},$$

$$s_4 = -\frac{3b_1^4}{256b_0^4}+\frac{b_1^2b_2}{16b_0^3}+\frac{E}{b_0}.$$

因此要求方程(5-1)的精确解,只需求解方程(5-28)即可,根据 $F(f)=f^4+p_4f^2+q_4f+r_4$ 的完全判别系统,有方程(5-1)的如下情形的解.

定理 5.12 设 $E\neq 0$,$F(f)=(f^2+l_1f+s_1)^2$,其中 l_1,s_1 是实数,且 $l_1^2-4s_1<0$,则方程(5-1)有精确解

$$\pm(\xi-\xi_0)=\ln\sqrt{(a+\sqrt{u})^2+l_1(a+\sqrt{u})+s_1}-\frac{4a+2l_1}{\sqrt{4s_1-l_1^2}}\arctan\frac{2(a+\sqrt{u})+l_1}{\sqrt{4s_1-l_1^2}}.$$

证明 $F(f)=(f^2+l_1f+s_1)^2$,其中 l_1,s_1 是实数,且 $l_1^2-4s_1<0$,此时 $\varepsilon=1$,则式(5-21)化为

$$\pm\sqrt{|b_0|}(\xi-\xi_0) = \int \frac{2(f-a)\,df}{f^2+l_1f+s_1},$$

积分,得

$$\pm\sqrt{|b_0|}(\xi-\xi_0) = \ln\sqrt{f^2+l_1f+s_1}-\frac{4a+2l_1}{\sqrt{4s_1-l_1^2}}\arctan\frac{2f+l_1}{\sqrt{4s_1-l_1^2}},$$

从而相应的解为

$$\pm(\xi-\xi_0)=\ln\sqrt{(a+\sqrt{u})^2+l_1(a+\sqrt{u})+s_1}-\frac{4a+2l_1}{\sqrt{4s_1-l_1^2}}\arctan\frac{2(a+\sqrt{u})+l_1}{\sqrt{4s_1-l_1^2}}.$$

88

证明完毕.

定理 5.13 设 $E \neq 0, F(f) = f^4$, 则方程 (5-1) 有精确解

$$\pm\sqrt{|b_0|}(\xi-\xi_0) = 2\ln\left|a+\sqrt{u}\right| + \frac{2a}{a+\sqrt{u}}. \tag{5-29}$$

证明 $F(f) = f^4$, 此时 $\varepsilon = 1$, 则式 (5-21) 化为

$$\pm\sqrt{|b_0|}(\xi-\xi_0) = \int\frac{2(f-a)\,\mathrm{d}f}{f^2} = 2\ln|f| + \frac{2a}{f},$$

从而相应的解为

$$\pm\sqrt{|b_0|}(\xi-\xi_0) = 2\ln\left|a+\sqrt{u}\right| + \frac{2a}{a+\sqrt{u}}.$$

证明完毕.

定理 5.14 设 $E \neq 0, F(f) = (f-\alpha)^2(f-\beta)^2$, 其中 α, β 是实数, 且 $\alpha > \beta$, 则方程 (5-1) 有精确解

$$\pm\sqrt{|b_0|}(\xi-\xi_0) = \frac{2(\alpha-a)}{\alpha-\beta}\ln\left|a+\sqrt{u}-\alpha\right| + \frac{2(a-\beta)}{\alpha-\beta}\ln\left|a+\sqrt{u}-\beta\right|.$$

证明 $F(f) = (f-\alpha)^2(f-\beta)^2$, 此时 $\varepsilon = 1$, 则式 (5-21) 化为

$$\pm\sqrt{|b_0|}(\xi-\xi_0) = \int\frac{2(f-a)\,\mathrm{d}f}{(f-\alpha)(f-\beta)}.$$

当 $f > \alpha$ 或 $f < \beta$ 时, 积分, 得

$$\pm\sqrt{|b_0|}(\xi-\xi_0) = \frac{2(\alpha-a)}{\alpha-\beta}\ln|f-\alpha| + \frac{2(a-\beta)}{\alpha-\beta}\ln|f-\beta|,$$

从而相应的解为

$$\pm\sqrt{|b_0|}(\xi-\xi_0) = \frac{2(\alpha-a)}{\alpha-\beta}\ln\left|a+\sqrt{u}-\alpha\right| + \frac{2(a-\beta)}{\alpha-\beta}\ln\left|a+\sqrt{u}-\beta\right|.$$

证明完毕.

定理 5.15 设 $E \neq 0, F(f) = (f-\alpha)^2(f-\beta)(f-\gamma)$, 其中 a, β, γ 是实数, 且 $\beta > \gamma$, 则方程 (5-1) 有精确解如下。

(1) 当 $\varepsilon = 1$ 且 $\alpha > \beta$ 或 $\alpha < \gamma$ 时, 方程 (5-1) 有精确解

$$\pm\frac{1}{2}\sqrt{|b_0|}(\xi-\xi_0) = \frac{\alpha-a}{\beta-\alpha}\ln\left|\frac{\sqrt{\left|a+\sqrt{u}-\beta\right|(\alpha-\beta)} - \sqrt{\left|a+\sqrt{u}-\gamma\right|(\alpha-\gamma)}}{\sqrt{\left|a+\sqrt{u}-\beta\right|(\alpha-\beta)} + \sqrt{\left|a+\sqrt{u}-\gamma\right|(\alpha-\gamma)}}\right|$$

$$+\frac{1}{2}\ln\left|\frac{\sqrt{\left|a+\sqrt{u}-\beta\right|}-\sqrt{\left|a+\sqrt{u}-\gamma\right|}}{\sqrt{\left|a+\sqrt{u}-\beta\right|}+\sqrt{\left|a+\sqrt{u}-\gamma\right|}}\right|. \tag{5-30}$$

（2）当 $\varepsilon=1$ 且 $\gamma<\alpha<\beta$ 时，方程(5-1)有精确解

$$\pm\frac{1}{2}\sqrt{|b_0|}(\xi-\xi_0)=\frac{\alpha-a}{\sqrt{(\alpha-\gamma)(\beta-\alpha)}}\arctan\left(\sqrt{\frac{\beta-\alpha}{\alpha-\gamma}}\sqrt{\frac{a+\sqrt{u}-\beta}{a+\sqrt{u}-\gamma}}\right)$$

$$+\frac{1}{2}\ln\left|\frac{\sqrt{\left|a+\sqrt{u}-\beta\right|}-\sqrt{\left|a+\sqrt{u}-\gamma\right|}}{\sqrt{\left|a+\sqrt{u}-\beta\right|}+\sqrt{\left|a+\sqrt{u}-\gamma\right|}}\right|. \tag{5-31}$$

（3）当 $\varepsilon=-1$ 且 $\alpha>\beta$ 或 $\alpha<\gamma$ 时，方程(5-1)有精确解

$$\pm\frac{1}{2}\sqrt{|b_0|}(\xi-\xi_0)=\frac{2(\alpha-a)}{\sqrt{(\beta-\alpha)(\gamma-\alpha)}}\arctan\left(\sqrt{\frac{\beta-\alpha}{\gamma-\alpha}}\sqrt{\frac{\beta-a-\sqrt{u}}{a+\sqrt{u}-\gamma}}\right)$$

$$+2\arctan\sqrt{\frac{\beta-a-\sqrt{u}}{a+\sqrt{u}-\gamma}}. \tag{5-32}$$

（4）当 $\varepsilon=-1$ 且 $\gamma<\alpha<\beta$ 时，方程(5-1)有精确解

$$\pm\frac{1}{2}\sqrt{|b_0|}(\xi-\xi_0)=-\frac{\alpha-a}{\beta-\alpha}\ln\left|\frac{\sqrt{(\beta-a-\sqrt{u})(\beta-\alpha)}+\sqrt{(a+\sqrt{u}-\gamma)(\alpha-\gamma)}}{\sqrt{(\beta-a-\sqrt{u})(\beta-\alpha)}-\sqrt{(a+\sqrt{u}-\gamma)(\alpha-\gamma)}}\right|$$

$$+2\arctan\sqrt{\frac{\beta-a-\sqrt{u}}{a+\sqrt{u}-\gamma}}.$$

证明 当 $\varepsilon=1$ 时，$f>\beta$ 或 $f<\gamma$，作欧拉代换

$$\sqrt{(f-\beta)(f-\gamma)}=t(f-\beta),$$

式(5-21)可化为

$$\pm\frac{1}{2}\sqrt{|b_0|}(\xi-\xi_0)=\int\frac{\alpha-a}{(\beta-\alpha)t^2+\alpha-\gamma}\mathrm{d}t+\int\frac{1}{t^2-1}\mathrm{d}t.$$

（1）当 $\alpha>\beta$ 或 $\alpha<\gamma$ 时，

$$\pm\frac{1}{2}\sqrt{|b_0|}(\xi-\xi_0)=\frac{\alpha-a}{\beta-\alpha}\ln\left|\frac{t\sqrt{\alpha-\beta}-\sqrt{\alpha-\gamma}}{t\sqrt{\alpha-\beta}+\sqrt{\alpha-\gamma}}\right|+\frac{1}{2}\ln\left|\frac{t-1}{t+1}\right|,$$

则有解

$$\pm\frac{1}{2}\sqrt{|b_0|}(\xi-\xi_0)=\frac{\alpha-a}{\beta-\alpha}\ln\left|\frac{\sqrt{|a+\sqrt{u}-\beta|(\alpha-\beta)}-\sqrt{|a+\sqrt{u}-\gamma|(\alpha-\gamma)}}{\sqrt{|a+\sqrt{u}-\beta|(\alpha-\beta)}+\sqrt{|a+\sqrt{u}-\gamma|(\alpha-\gamma)}}\right|$$

$$+\frac{1}{2}\ln\left|\frac{\sqrt{|a+\sqrt{u}-\beta|}-\sqrt{|a+\sqrt{u}-\gamma|}}{\sqrt{|a+\sqrt{u}-\beta|}+\sqrt{|a+\sqrt{u}-\gamma|}}\right|.$$

（2）当 $\gamma<\alpha<\beta$ 时,

$$\pm\frac{1}{2}\sqrt{|b_0|}(\xi-\xi_0)=\frac{\alpha-a}{\sqrt{(\alpha-\gamma)(\beta-\alpha)}}\arctan\left(\sqrt{\frac{\beta-\alpha}{\alpha-\gamma}}t\right)+\frac{1}{2}\ln\left|\frac{t-1}{t+1}\right|,$$

则有解

$$\pm\frac{1}{2}\sqrt{|b_0|}(\xi-\xi_0)=\frac{\alpha-a}{\sqrt{(\alpha-\gamma)(\beta-\alpha)}}\arctan\left(\sqrt{\frac{\beta-\alpha}{\alpha-\gamma}}\sqrt{\frac{a+\sqrt{u}-\beta}{a+\sqrt{u}-\gamma}}\right)$$

$$+\frac{1}{2}\ln\left|\frac{\sqrt{|a+\sqrt{u}-\beta|}-\sqrt{|a+\sqrt{u}-\gamma|}}{\sqrt{|a+\sqrt{u}-\beta|}+\sqrt{|a+\sqrt{u}-\gamma|}}\right|.$$

当 $\varepsilon=1$ 时, $\gamma<f<\beta$, 作欧拉代换 $\sqrt{-(f-\beta)(f-\gamma)}=t(f-\beta)$, 式（5-21）可化为

$$\pm\frac{1}{2}\sqrt{|b_0|}(\xi-\xi_0)=-2\int\frac{\alpha-a}{(\beta-\alpha)t^2+\gamma-\alpha}\mathrm{d}t-2\int\frac{1}{t^2+1}\mathrm{d}t.$$

（3）当 $\alpha>\beta$ 或 $\alpha<\gamma$ 时,

$$\pm\frac{1}{2}\sqrt{|b_0|}(\xi-\xi_0)=\frac{-2(\alpha-a)}{\sqrt{(\beta-\alpha)(\gamma-\alpha)}}\arctan\left(\sqrt{\frac{\beta-\alpha}{\gamma-\alpha}}t\right)-2\arctan t,$$

则有解

$$\pm\frac{1}{2}\sqrt{|b_0|}(\xi-\xi_0)=\frac{2(\alpha-a)}{\sqrt{(\beta-\alpha)(\gamma-\alpha)}}\arctan\left(\sqrt{\frac{\beta-\alpha}{\gamma-\alpha}}\sqrt{\frac{\beta-a-\sqrt{u}}{a+\sqrt{u}-\gamma}}\right)$$

$$+2\arctan\sqrt{\frac{\beta-a-\sqrt{u}}{a+\sqrt{u}-\gamma}}.$$

（4）当 $\gamma<\alpha<\beta$ 时,

$$\pm\frac{1}{2}\sqrt{|b_0|}(\xi-\xi_0)=-\frac{\alpha-a}{\beta-\alpha}\ln\left|\frac{t\sqrt{\beta-\alpha}-\sqrt{\alpha-\gamma}}{t\sqrt{\beta-\alpha}+\sqrt{\alpha-\gamma}}\right|-2\arctan t,$$

则有解

$$\pm\frac{1}{2}\sqrt{|b_0|}(\xi-\xi_0)=-\frac{\alpha-a}{\beta-\alpha}\ln\left|\frac{\sqrt{(\beta-a-\sqrt{u})(\beta-\alpha)}+\sqrt{(a+\sqrt{u}-\gamma)(\alpha-\gamma)}}{\sqrt{(\beta-a-\sqrt{u})(\beta-\alpha)}-\sqrt{(a+\sqrt{u}-\gamma)(\alpha-\gamma)}}\right|$$

$$+2\arctan\sqrt{\frac{\beta-a-\sqrt{u}}{a+\sqrt{u}-\gamma}}.$$

证明完毕.

定理 5.16 设 $E \neq 0, F(f) = (f-\alpha)^3(f-\beta)$，其中 α, β 是不相等的实数.

(1) 当 $\varepsilon = 1$ 时，则方程(5-1)有精确解

$$\pm \frac{1}{2}\sqrt{|b_0|}(\xi - \xi_0) = \frac{-2(\alpha - a)}{\sqrt{\alpha - \beta}}\sqrt{\frac{a + \sqrt{u} - \beta}{a + \sqrt{u} - \alpha}}$$

$$-\frac{1}{2}\ln\left|\frac{\sqrt{|a + \sqrt{u} - \beta|} - \sqrt{a + \sqrt{u} - \alpha}}{\sqrt{|a + \sqrt{u} - \beta|} + \sqrt{a + \sqrt{u} - \alpha}}\right|. \tag{5-33}$$

(2) 当 $\varepsilon = -1$，则方程(5-1)有精确解

$$\pm \frac{1}{2}\sqrt{|b_0|}(\xi - \xi_0) = \frac{-2(\alpha - a)}{\alpha - \beta}\sqrt{\frac{\beta - a - \sqrt{u}}{a + \sqrt{u} - \alpha}} + 2\arctan\sqrt{\frac{\beta - \alpha - \sqrt{u}}{a + \sqrt{u} - \alpha}}. \tag{5-34}$$

证明 (1) 当 $\varepsilon = 1$ 时，作欧拉代换 $\sqrt{(f-\alpha)(f-\beta)} = t(f - \alpha)$，则式(5-21)化为

$$\pm \frac{1}{2}\sqrt{|b_0|}(\xi - \xi_0) = \frac{-2}{\alpha - \beta}\left[(\alpha - a)t + (\alpha - \beta)\ln\left|\frac{t-1}{t+1}\right|\right],$$

相应的解为

$$\pm \frac{1}{2}\sqrt{|b_0|}(\xi - \xi_0) = \frac{-2(\alpha - a)}{\sqrt{\alpha - \beta}}\sqrt{\frac{a + \sqrt{u} - \beta}{a + \sqrt{u} - \alpha}} - 2\ln\left|\frac{\sqrt{|a + \sqrt{u} - \beta|} - \sqrt{a + \sqrt{u} - \alpha}}{\sqrt{|a + \sqrt{u} - \beta|} + \sqrt{a + \sqrt{u} - \alpha}}\right|.$$

(2) 当 $\varepsilon = -1$，作欧拉代换 $\sqrt{-(f-\alpha)(f-\beta)} = t(f-\alpha)$，则式(5-21)化为

$$\pm \frac{1}{2}\sqrt{|b_0|}(\xi - \xi_0) = \frac{-2}{\alpha - \beta}[(\alpha - a)t - (\alpha - \beta)\arctan t],$$

相应的解为

$$\pm \frac{1}{2}\sqrt{|b_0|}(\xi - \xi_0) = \frac{-2(\alpha - a)}{\alpha - \beta}\sqrt{\frac{\beta - \alpha - \sqrt{u}}{a + \sqrt{u} - \alpha}} + 2\arctan\sqrt{\frac{\beta - \alpha - \sqrt{u}}{a + \sqrt{u} - \alpha}}.$$

证明完毕.

定理 5.17 设 $E \neq 0, F(f) = (f-\alpha)^2[(f-l_1)^2 + s_1^2]$，其中 α, l_1, s_1 是实数，则方程(5-1)有精确解

$$\pm \frac{1}{2}\sqrt{|b_0|}(\xi - \xi_0) = \left[1 + \frac{(\alpha - a)(l_1 - \alpha)}{(\kappa + s_1)^2}\right]\ln\left|\frac{\lambda + \sqrt{\lambda^2 + s_1^2}}{s_1}\right| + \frac{\alpha - a}{(\kappa + s_1)^2}\ln\frac{\kappa(\alpha - l_1 - \lambda)}{\kappa(\alpha - l_1 + \lambda)},$$

其中 $\kappa=\sqrt{(l_1-\alpha)^2+s_1^2}-s_1,\lambda=\alpha+\sqrt{u}-l_1$.

证明 作代换 $f=s_1\tan\varphi+l_1$,则式(5-21)化为

$$\pm\frac{1}{2}\sqrt{|b_0|}(\xi-\xi_0)=\int\frac{(s_1\tan\varphi+l_1-\alpha)\mathrm{d}\varphi}{s_1\tan\varphi+l_1-\alpha},$$

积分,得

$$\pm\frac{1}{2}\sqrt{|b_0|}(\xi-\xi_0)=\left[1+\frac{(\alpha-a)(l_1-\alpha)}{(l_1-\alpha)^2+s_1^2}\right]\arctan\frac{f-l_1}{s_1}+\frac{\alpha-a}{(l_1-\alpha)^2+s_1^2}\ln\left|\frac{(f-\alpha)s_1}{\sqrt{(f-l_1)^2+s_1^2}}\right|,$$

从而相应的解为

$$\pm\frac{1}{2}\sqrt{|b_0|}(\xi-\xi_0)=\left[1+\frac{(\alpha-a)(l_1-\alpha)}{(\kappa+s_1)^2}\right]\ln\left|\frac{\lambda+\sqrt{\lambda^2+s_1^2}}{s_1}\right|+\frac{\alpha-a}{(\kappa+s_1)^2}\ln\frac{\kappa(\alpha-l_1-\lambda)}{\kappa(\alpha-l_1+\lambda)},$$

证明完毕.

定理 5.18 设 $E\neq0,F(f)=(f-\alpha_1)(f-\alpha_2)(f-\alpha_3)(f-\alpha_4)$,其中 $\alpha_1,\alpha_2,\alpha_3,\alpha_4$ 是实数,且 $\alpha_1>\alpha_2>\alpha_3>\alpha_4$.

(1)当 $\varepsilon=1,f>\alpha_1$ 时,则方程(5-1)有精确解

$$\pm\frac{1}{4}\sqrt{|b_0|}(\xi-\xi_0)=\frac{(\alpha_1-\alpha_2)\Pi\left(\eta,\frac{\alpha_1-\alpha_4}{\alpha_2-\alpha_4},q\right)+(\alpha_2-\alpha)F(\eta,q)}{\sqrt{(\alpha_1-\alpha_3)(\alpha_2-\alpha_4)}}. \tag{5-35}$$

(2)当 $\varepsilon=1,\alpha_3<f<\alpha_2$ 时,则方程(5-1)有精确解

$$\pm\frac{1}{4}\sqrt{|b_0|}(\xi-\xi_0)=\frac{(\alpha_3-\alpha_4)\Pi\left(\delta,\frac{\alpha_2-\alpha_3}{\alpha_2-\alpha_4},q\right)+(\alpha_4-\alpha)F(\delta,q)}{\sqrt{(\alpha_1-\alpha_3)(\alpha_2-\alpha_4)}}. \tag{5-36}$$

(3)当 $\varepsilon=1,f<\alpha_4$ 时,则方程(5-1)有精确解

$$\pm\frac{1}{4}\sqrt{|b_0|}(\xi-\xi_0)=\frac{(\alpha_4-\alpha_3)\Pi\left(\alpha,\frac{\alpha_1-\alpha_4}{\alpha_1-\alpha_3},q\right)+(\alpha_3-\alpha)F(\alpha,q)}{\sqrt{(\alpha_1-\alpha_3)(\alpha_2-\alpha_4)}}. \tag{5-37}$$

(4)当 $\varepsilon=-1,\alpha_2<f<\alpha_1$ 时,则方程(5-1)有精确解

$$\pm\frac{1}{4}\sqrt{|b_0|}(\xi-\xi_0)=\frac{(\alpha_2-\alpha_3)\Pi\left(\lambda,\frac{\alpha_1-\alpha_2}{\alpha_1-\alpha_3},r\right)+(\alpha_1-\alpha)F(\lambda,r)}{\sqrt{(\alpha_1-\alpha_3)(\alpha_2-\alpha_4)}}. \tag{5-38}$$

(5)当 $\varepsilon=-1,\alpha_4<f<\alpha_3$ 时,则方程(5-1)有精确解

$$\pm\frac{1}{4}\sqrt{|b_0|}(\xi-\xi_0)=\frac{(\alpha_4-\alpha_1)\Pi\left(\beta,\dfrac{\alpha_4-\alpha_3}{\alpha_1-\alpha_3},r\right)+(\alpha_1-\alpha)F(\beta,r)}{\sqrt{(\alpha_1-\alpha_3)(\alpha_2-\alpha_4)}}. \tag{5-39}$$

其中

$$\eta=\arcsin\sqrt{\frac{(\alpha_2-\alpha_4)(a+\sqrt{u}-\alpha_1)}{(\alpha_1-\alpha_4)(a+\sqrt{u}-\alpha_2)}},$$

$$\delta=\arcsin\sqrt{\frac{(\alpha_2-\alpha_4)(a+\sqrt{u}-\alpha_3)}{(\alpha_2-\alpha_3)(a+\sqrt{u}-\alpha_4)}},$$

$$\alpha=\arcsin\sqrt{\frac{(\alpha_1-\alpha_3)(\alpha_4-a-\sqrt{u})}{(\alpha_1-\alpha_4)(\alpha_3-a-\sqrt{u})}},$$

$$\lambda=\arcsin\sqrt{\frac{(\alpha_1-\alpha_3)(a+\sqrt{u}-\alpha_2)}{(\alpha_1-\alpha_2)(a+\sqrt{u}-\alpha_3)}},$$

$$\beta=\arcsin\sqrt{\frac{(\alpha_1-\alpha_3)(a+\sqrt{u}-\alpha_4)}{(\alpha_3-\alpha_4)(\alpha_1-a-\sqrt{u})}},$$

$$q=\sqrt{\frac{(\alpha_2-\alpha_3)(\alpha_1-\alpha_4)}{(\alpha_1-\alpha_3)(\alpha_2-\alpha_4)}},$$

$$r=\sqrt{\frac{(\alpha_1-\alpha_2)(\alpha_3-\alpha_4)}{(\alpha_1-\alpha_3)(\alpha_2-\alpha_4)}}.$$

证明 (1)当 $\varepsilon=1,f>\alpha_1$ 时,作代换

$$f=\frac{\alpha_2(\alpha_1-\alpha_4)\sin^2\eta-\alpha_1(\alpha_2-\alpha_4)}{(\alpha_1-\alpha_4)\sin^2\eta-(\alpha_2-\alpha_4)}, \tag{5-40}$$

则式(5-21)可化为

$$\pm\frac{1}{4}\sqrt{|b_0|}(\xi-\xi_0)=\frac{1}{\sqrt{(\alpha_1-\alpha_3)(\alpha_2-\alpha_4)}}\int\frac{\alpha_2-\alpha}{\sqrt{1-q^2\sin^2\eta}}\mathrm{d}\eta$$

$$+\frac{\alpha_1-\alpha_2}{\sqrt{(\alpha_1-\alpha_3)(\alpha_2-\alpha_4)}}\int\frac{1}{\left(1+\dfrac{\alpha_1-\alpha_4}{\alpha_2-\alpha_4}\sin^2\eta\right)\sqrt{1-q^2\sin^2\eta}}\mathrm{d}\eta,$$

从而

$$\pm\frac{1}{4}\sqrt{|b_0|}\,(\xi-\xi_0)=\frac{(\alpha_1-\alpha_2)\Pi\left(\eta,\dfrac{\alpha_1-\alpha_4}{\alpha_2-\alpha_4},q\right)+(\alpha_2-\alpha)F(\eta,q)}{\sqrt{(\alpha_1-\alpha_3)(\alpha_2-\alpha_4)}},$$

由式(5-40)得

$$\eta=\arcsin\sqrt{\frac{(\alpha_2-\alpha_4)(f-\alpha_1)}{(\alpha_1-\alpha_4)(f-\alpha_2)}}=\arcsin\sqrt{\frac{(\alpha_2-\alpha_4)(a+\sqrt{u}-\alpha_1)}{(\alpha_1-\alpha_4)(a+\sqrt{u}-\alpha_2)}}.$$

(2)当 $\varepsilon=1,\alpha_3<f<\alpha_2$ 时,作代换

$$f=\frac{\alpha_4(\alpha_2-\alpha_3)\sin^2\delta-\alpha_3(\alpha_2-\alpha_4)}{(\alpha_2-\alpha_3)\sin^2\delta-(\alpha_2-\alpha_4)} \tag{5-41}$$

则式(5-21)可化为

$$\pm\frac{1}{4}\sqrt{|b_0|}\,(\xi-\xi_0)=\frac{1}{\sqrt{(\alpha_1-\alpha_3)(\alpha_2-\alpha_4)}}\int\frac{\alpha_4-a}{\sqrt{1-q^2\sin^2\delta}}\mathrm{d}\delta$$

$$+\frac{\alpha_3-\alpha_4}{\sqrt{(\alpha_1-\alpha_3)(\alpha_2-\alpha_4)}}\int\frac{1}{\left(1+\dfrac{\alpha_2-\alpha_3}{\alpha_2-\alpha_4}\sin^2\delta\right)\sqrt{1-q^2\sin^2\delta}}\mathrm{d}\delta,$$

从而

$$\pm\frac{1}{4}\sqrt{|b_0|}\,(\xi-\xi_0)=\frac{(\alpha_3-\alpha_4)\Pi\left(\delta,\dfrac{\alpha_2-\alpha_3}{\alpha_2-\alpha_4},q\right)+(\alpha_4-a)F(\delta,q)}{\sqrt{(\alpha_1-\alpha_3)(\alpha_2-\alpha_4)}},$$

由式(5-41)得

$$\delta=\arcsin\sqrt{\frac{(\alpha_2-\alpha_4)(f-\alpha_3)}{(\alpha_2-\alpha_3)(f-\alpha_4)}}=\arcsin\sqrt{\frac{(\alpha_2-\alpha_4)(a+\sqrt{u}-\alpha_3)}{(\alpha_2-\alpha_3)(a+\sqrt{u}-\alpha_4)}}.$$

(3)当 $\varepsilon=1,f<\alpha_4$ 时,作代换

$$f=\frac{\alpha_2(\alpha_1-\alpha_4)\sin^2\alpha-\alpha_4(\alpha_1-\alpha_3)}{(\alpha_1-\alpha_4)\sin^2\alpha-(\alpha_1-\alpha_3)}, \tag{5-42}$$

则式(5-21)可化为

$$\pm\frac{1}{4}\sqrt{|b_0|}\,(\xi-\xi_0)=\frac{1}{\sqrt{(\alpha_1-\alpha_3)(\alpha_2-\alpha_4)}}\int\frac{\alpha_3-a}{\sqrt{1-r^2\sin^2\alpha}}\mathrm{d}\alpha$$

$$+\frac{\alpha_4-\alpha_3}{\sqrt{(\alpha_1-\alpha_3)(\alpha_2-\alpha_4)}}\int\frac{1}{\left(1+\dfrac{\alpha_1-\alpha_4}{\alpha_1-\alpha_3}\sin^2\alpha\right)\sqrt{1-r^2\sin^2\alpha}}\mathrm{d}\alpha,$$

从而

$$\pm\frac{1}{4}\sqrt{|b_0|}\,(\xi-\xi_0)=\frac{(\alpha_4-\alpha_3)\Pi\left(\alpha,\dfrac{\alpha_1-\alpha_4}{\alpha_1-\alpha_3},q\right)+(\alpha_3-\alpha)F(\alpha,q)}{\sqrt{(\alpha_1-\alpha_3)(\alpha_2-\alpha_4)}},$$

由式(5-42)得

$$\alpha=\arcsin\sqrt{\frac{(\alpha_1-\alpha_3)(\alpha_4-f)}{(\alpha_1-\alpha_4)(\alpha_3-f)}}=\arcsin\sqrt{\frac{(\alpha_1-\alpha_3)(\alpha_4-a-\sqrt{u})}{(\alpha_1-\alpha_4)(\alpha_3-\alpha-\sqrt{u})}}.$$

(4) 当 $\varepsilon=-1,\alpha_2<f<\alpha_1$ 时,作代换

$$f=\frac{\alpha_3(\alpha_1-\alpha_2)\sin^2\lambda-\alpha_2(\alpha_1-\alpha_3)}{(\alpha_1-\alpha_2)\sin^2\lambda-(\alpha_1-\alpha_3)},\qquad(5-43)$$

则式(5-21)可化为

$$\pm\frac{1}{4}\sqrt{|b_0|}\,(\xi-\xi_0)=\frac{1}{\sqrt{(\alpha_1-\alpha_3)(\alpha_2-\alpha_4)}}\int\frac{\alpha_1-a}{\sqrt{1-r^2\sin^2\lambda}}\mathrm{d}\lambda$$

$$+\frac{\alpha_2-\alpha_3}{\sqrt{(\alpha_1-\alpha_3)(\alpha_2-\alpha_4)}}\int\frac{1}{\left(1+\dfrac{\alpha_1-\alpha_2}{\alpha_1-\alpha_3}\sin^2\lambda\right)\sqrt{1-r^2\sin^2\lambda}}\mathrm{d}\lambda,$$

从而

$$\pm\frac{1}{4}\sqrt{|b_0|}\,(\xi-\xi_0)=\frac{(\alpha_2-\alpha_3)\Pi\left(\lambda,\dfrac{\alpha_1-\alpha_2}{\alpha_1-\alpha_3},r\right)+(\alpha_1-a)F(\lambda,r)}{\sqrt{(\alpha_1-\alpha_3)(\alpha_2-\alpha_4)}},$$

由式(5-43)得

$$\lambda=\arcsin\sqrt{\frac{(\alpha_1-\alpha_3)(f-\alpha_2)}{(\alpha_1-\alpha_2)(f-\alpha_3)}}=\arcsin\sqrt{\frac{(\alpha_1-\alpha_3)(a+\sqrt{u}-\alpha_2)}{(\alpha_1-\alpha_2)(a+\sqrt{u}-\alpha_3)}}.$$

（5）当 $\varepsilon=-1,\alpha_4<f<\alpha_3$ 时，作代换

$$f=\frac{\alpha_1(\alpha_3-\alpha_4)\sin^2\beta-\alpha_4(\alpha_3-\alpha_1)}{(\alpha_3-\alpha_3)\sin^2\beta-(\alpha_3-\alpha_1)}, \tag{5-44}$$

则式（5-21）可化为

$$\pm\frac{1}{4}\sqrt{|b_0|}(\xi-\xi_0)=\frac{1}{\sqrt{(\alpha_1-\alpha_3)(\alpha_2-\alpha_4)}}\int\frac{\alpha_1-a}{\sqrt{1-r^2\sin^2\beta}}\mathrm{d}\beta$$

$$+\frac{\alpha_1-\alpha_4}{\sqrt{(\alpha_1-\alpha_3)(\alpha_2-\alpha_4)}}\int\frac{1}{\left(1+\dfrac{\alpha_4-\alpha_3}{\alpha_1-\alpha_3}\sin^2\beta\right)\sqrt{1-r^2\sin^2\beta}}\mathrm{d}\beta,$$

从而

$$\pm\frac{1}{4}\sqrt{|b_0|}(\xi-\xi_0)=\frac{(\alpha_4-\alpha_1)\Pi\left(\beta,\dfrac{\alpha_4-\alpha_3}{\alpha_1-\alpha_3},r\right)+(\alpha_1-\alpha)\,\mathrm{F}(\beta,r)}{\sqrt{(\alpha_1-\alpha_3)(\alpha_2-\alpha_4)}},$$

由式（5-44）得

$$\beta=\arcsin\sqrt{\frac{(\alpha_1-\alpha_3)(\omega-\alpha_4)}{(\alpha_3-\alpha_4)(\alpha_1-\omega)}}=\arcsin\sqrt{\frac{(\alpha_1-\alpha_3)(a+\sqrt{u}-\alpha_4)}{(\alpha_3-\alpha_4)(\alpha_1-\alpha-\sqrt{u})}}.$$

证明完毕.

5.4　自由参数为 2 时的精确解

当 $\theta=2$ 时，式（5-8）可化为

$$(u')^2=\frac{1}{3}a_5u^6+\frac{1}{2}a_3u^4+a_1u^2+2\alpha_0u+E, \tag{5-45}$$

作代换

$$g=\left(\frac{1}{3}|a_5|\right)^{\frac{1}{6}}u,\xi=\left(\frac{1}{3}|a_5|\right)^{\frac{1}{6}}\xi_1,$$

则式（5-10）可化为

$$(g_\xi)^2=\varepsilon(g^6+p_5g^4+q_5g^2+r_5g+E),$$

其中

$$p_5 = \frac{1}{2}\varepsilon a_3\left(\frac{1}{3}\mid a_5\mid\right)^{-\frac{2}{3}},$$

$$q_5 = a_1\varepsilon\left(\frac{1}{3}\mid a_5\mid\right)^{-\frac{1}{3}},$$

$$r_5 = 2a_0\varepsilon\left(\frac{1}{3}\mid a_5\mid\right)^{-\frac{1}{6}},$$

当 $a_5>0$ 时, $\varepsilon=1$, 当 $a_5<0$ 时, $\varepsilon=-1$.

将式(5-11)转化为初等积分的形式如下

$$\pm(\xi-\xi_0) = \int \frac{\mathrm{d}g}{\sqrt{\varepsilon\,(g^6+p_5g^4+q_5g^2+r_5g+E)}} \,. \tag{5-46}$$

因此要求方程(5-1)的精确解,只需求解方程(5-46)即可,多项式 $F(g) = g^6+p_5g^4+q_5g^2+r_5g+E$ 的完全判别系统需要占用很多篇幅,可参考文献.

定理 5.19 设 $F(g) = g^6$,则方程(5-1)有精确解

$$\pm(\xi-\xi_0) = -\frac{1}{2\left(\frac{1}{3}a_5\right)^{\frac{1}{3}}u^2} \,. \tag{5-47}$$

证明 当 $F(g) = g^6$,此时必有 $\varepsilon=1$,式(5-46)化为

$$\pm(\xi-\xi_0) = \int\frac{\mathrm{d}g}{g^3} = -\frac{1}{2g^2},$$

因此方程(5-1)的解为

$$\pm(\xi-\xi_0) = -\frac{1}{2\left(\frac{1}{3}\mid a_5\mid\right)^{\frac{1}{3}}u^2} \,.$$

证明完毕.

定理 5.20 设 $F(g) = (g-\alpha_1)^2(g-\alpha_2)^2(g-\alpha_3)^2$,其中 $\alpha_1,\alpha_2,\alpha_3$ 是互不相等的实数,则方程(5-1)有精确解

$$\pm\left[\left(\frac{1}{3}\mid a_5\mid\right)^{\frac{1}{6}}\xi_1-\xi_0\right] = \frac{\ln\left|\left(\frac{1}{3}\mid a_5\mid\right)^{\frac{1}{6}}u-\alpha_1\right|}{(\alpha_1-\alpha_2)(\alpha_1-\alpha_2)} + \frac{\ln\left|\left(\frac{1}{3}\mid a_5\mid\right)^{\frac{1}{6}}u-\alpha_2\right|}{(\alpha_2-\alpha_1)(\alpha_2-\alpha_3)} + \frac{\ln\left|\left(\frac{1}{3}\mid a_5\mid\right)^{\frac{1}{6}}u-\alpha_3\right|}{(\alpha_3-\alpha_1)(\alpha_3-\alpha_2)}.$$

证明 当 $F(g) = (g-\alpha_1)^2(g-\alpha_2)^2(g-\alpha_3)^2$ 时,此时必有 $\varepsilon=1$,式(5-46)化为

$$\pm(\xi-\xi_0)=\int\frac{\mathrm{d}g}{(g-\alpha_1)(g-\alpha_2)(g-\alpha_3)}$$

$$=\frac{\ln|g-\alpha_1|}{(\alpha_1-\alpha_2)(\alpha_1-\alpha_2)}+\frac{\ln|g-\alpha_2|}{(\alpha_2-\alpha_1)(\alpha_2-\alpha_3)}+\frac{\ln|g-\alpha_3|}{(\alpha_3-\alpha_1)(\alpha_3-\alpha_2)}.$$

因此方程(5-1)的解为

$$\pm\left[\left(\frac{1}{3}\,|a_5|\right)^{\frac{1}{6}}\xi_1-\xi_0\right]=\frac{\ln\left|\left(\frac{1}{3}\,|a_5|\right)^{\frac{1}{6}}u-\alpha_1\right|}{(\alpha_1-\alpha_2)(\alpha_1-\alpha_2)}+\frac{\ln\left|\left(\frac{1}{3}\,|a_5|\right)^{\frac{1}{6}}u-\alpha_2\right|}{(\alpha_2-\alpha_1)(\alpha_2-\alpha_3)}+\frac{\ln\left|\left(\frac{1}{3}\,|a_5|\right)^{\frac{1}{6}}u-\alpha_3\right|}{(\alpha_3-\alpha_1)(\alpha_3-\alpha_2)}.$$

证明完毕.

定理 5.21 设 $F(g)=(g-\alpha_1)^2[(g-l_1)^2+s_1^2]^2$, 其中 α_1,l_1,s_1 是实数, 则方程 (5-1)有精确解

$$\pm\left[\left(\frac{1}{3}\,|a_5|\right)^{\frac{1}{6}}\xi_1-\xi_0\right]=\frac{1}{s_1^2+(l_1-\alpha_1)^2}\left\{\arctan\frac{\left(\frac{1}{3}\,|a_5|\right)^{\frac{1}{6}}u-l_1}{s_1}+\frac{1}{s_1}\ln\left|\frac{s_1\left[\left(\frac{1}{3}\,|a_5|\right)^{\frac{1}{6}}u-\alpha_1\right]}{s_1^2+\left[\left(\frac{1}{3}\,|a_5|\right)^{\frac{1}{6}}u-l_1\right]^2}\right|\right\}.$$

$$(5-48)$$

证明 若 $F(g)=(g-\alpha_1)^2[(g-l_1)^2+s_1^2]^2$, 此时必有 $\varepsilon=1$, 式(5-46)化为

$$\pm(\xi-\xi_0)=\int\frac{\mathrm{d}g}{(g-\alpha_1)[(g-l_1)^2+s_1^2]},$$

作代换 $g=s_1\tan\varphi+l_1$, 则

$$\pm(\xi-\xi_0)=\frac{1}{s_1^2+(l_1-\alpha_1)^2}\left[\arctan\frac{g-l_1}{s_1}+\frac{1}{s_1}\ln\left|\frac{s_1(g-\alpha_1)}{s_1^2+(g-l_1)^2}\right|\right].$$

因此方程(5-1)的解为

$$\pm\left[\left(\frac{1}{3}\,|a_5|\right)^{\frac{1}{6}}\xi_1-\xi_0\right]=\frac{1}{s_1^2+(l_1-\alpha_1)^2}\left\{\arctan\frac{\left(\frac{1}{3}\,|a_5|\right)^{\frac{1}{6}}u-l_1}{s_1}+\frac{1}{s_1}\ln\left|\frac{s_1\left[\left(\frac{1}{3}\,|a_5|\right)^{\frac{1}{6}}u-\alpha_1\right]}{s_1^2+\left[\left(\frac{1}{3}\,|a_5|\right)^{\frac{1}{6}}u-l_1\right]^2}\right|\right\}.$$

证明完毕.

定理 5.22 设 $F(g)=[(g-l_1)^2+s_1^2]^3$, 其中 l_1,s_1 是实数, 则方程(5-1)有精确解

$$\pm\left[\left(\frac{1}{3}|a_5|\right)^{\frac{1}{6}}\xi_1-\xi_0\right]=2\mathrm{F}\left[\frac{1}{2}\arctan\frac{\left(\frac{1}{3}|a_5|\right)^{\frac{1}{6}}u-l_1}{s_1},\sqrt{2}\right]. \qquad (5-49)$$

证明 若 $F(g)=\left[(g-l_1)^2+s_1^2\right]^3$，此时必有 $\varepsilon=1$，式 (5-46) 化为

$$\pm(\xi-\xi_0)=\int\frac{\mathrm{d}g}{\left[(g-l_1)^2+s_1^2\right]^{\frac{3}{2}}},$$

作代换 $g=s_1\tan\varphi+l_1$，则

$$\pm(\xi-\xi_0)=\frac{1}{\sqrt{s_1}}\int\frac{\mathrm{d}\varphi}{\sqrt{\cos\varphi}}=2F\left(\frac{1}{2}\arctan\frac{g-l_1}{s_1},\sqrt{2}\right).$$

因此方程 (5-1) 的解为

$$\pm\left[\left(\frac{1}{3}|a_5|\right)^{\frac{1}{6}}\xi_1-\xi_0\right]=2\mathrm{F}\left[\frac{1}{2}\arctan\frac{\left(\frac{1}{3}|a_5|\right)^{\frac{1}{6}}u-l_1}{s_1},\sqrt{2}\right].$$

证明完毕.

定理 5.23 设 $F(g)=\left[(g-l_1)^2+s_1^2\right](g-\alpha_1)^2(g-\alpha_2)^2$，其中 $\alpha_1,\alpha_2,l_1,s_1$ 是实数，$\alpha_1\neq\alpha_2$，则方程 (5-1) 有精确解

$$\pm\left[\left(\frac{1}{3}|a_5|\right)^{\frac{1}{6}}\xi_1-\xi_0\right]=\frac{1}{\kappa(\alpha_1-\alpha_2)}\ln\left|\frac{\left[\left(\frac{1}{3}|a_5|\right)^{\frac{1}{6}}u-\alpha_1\right](s_1-\kappa)}{(\alpha_1-l_1)(\kappa-s_1)+(\kappa+s_1)\left[\left(\frac{1}{3}|a_5|\right)^{\frac{1}{6}}u-l_1\right]}\right|$$

$$-\frac{1}{\kappa(\alpha_1-\alpha_2)}\ln\left|\frac{\left[\left(\frac{1}{3}|a_5|\right)^{\frac{1}{6}}u-\alpha_2\right](s_1-\kappa)}{(\alpha_2-l_1)(\kappa-s_1)+(\kappa+s_1)\left[\left(\frac{1}{3}|a_5|\right)^{\frac{1}{6}}u-l_1\right]}\right|,$$

其中 $\kappa=\sqrt{(l_1-\alpha_1)^2+s_1^2}$.

证明 若 $F(g)=\left[(g-l_1)^2+s_1^2\right](g-\alpha_1)^2(g-\alpha_2)^2$，此时必有 $\varepsilon=1$，式 (5-46) 化为

$$\pm(\xi-\xi_0)=\int\frac{\mathrm{d}g}{(g-\alpha_1)(g-\alpha_2)\sqrt{(g-l_1)^2+s_1^2}}=\frac{I_1-I_2}{\alpha_1-\alpha_2},$$

其中

100

$$I_1 = \int \frac{\mathrm{d}g}{(g-\alpha_1)\sqrt{(g-l_1)^2+s_1^2}},$$

$$I_2 = \int \frac{\mathrm{d}g}{(g-\alpha_2)\sqrt{(g-l_1)^2+s_1^2}}.$$

作代换 $g = s_1\tan\varphi + l_1$，得

$$I_1 = \frac{1}{\kappa}\ln\left|\frac{(g-\alpha_1)(s_1-\kappa)}{(\alpha_1-l_1)(\kappa-s_1)+(\kappa+s_1)(g-l_1)}\right|,$$

$$I_2 = \frac{1}{\kappa}\ln\left|\frac{(g-\alpha_2)(s_1-\kappa)}{(\alpha_2-l_1)(\kappa-s_1)+(\kappa+s_1)(g-l_1)}\right|.$$

因此方程(5-1)的解为

$$\pm\left[\left(\frac{1}{3}|a_5|\right)^{\frac{1}{6}}\xi_1-\xi_0\right] = \frac{1}{\kappa(\alpha_1-\alpha_2)}\ln\left|\frac{\left[\left(\frac{1}{3}|a_5|\right)^{\frac{1}{6}}u-\alpha_1\right](s_1-\kappa)}{(\alpha_1-l_1)(\kappa-s_1)+(\kappa+s_1)\left[\left(\frac{1}{3}|a_5|\right)^{\frac{1}{6}}u-l_1\right]}\right|$$

$$-\frac{1}{\kappa(\alpha_1-\alpha_2)}\ln\left|\frac{\left[\left(\frac{1}{3}|a_5|\right)^{\frac{1}{6}}u-\alpha_2\right](s_1-\kappa)}{(\alpha_2-l_1)(\kappa-s_1)+(\kappa+s_1)\left[\left(\frac{1}{3}|a_5|\right)^{\frac{1}{6}}u-l_1\right]}\right|.$$

证明完毕.

定理 5.24 设 $F(g) = [(g-l_1)^2+s_1^2](g-\alpha_1)^4$，其中 α_1, l_1, s_1 是实数,则方程 (5-41) 有精确解

$$\pm\left[\left(\frac{1}{3}|a_5|\right)^{\frac{1}{6}}\xi_1-\xi_0\right] = \frac{-s_1\sqrt{\left[\left(\frac{1}{3}|a_5|\right)^{\frac{1}{6}}u-l_1\right]^2+s_1^2}}{s_1\kappa^2\left[\left(\frac{1}{3}|a_5|\right)^{\frac{1}{6}}u-\alpha_1\right]}$$

$$+\frac{1}{\kappa^3}\ln\left|\frac{\left[\left(\frac{1}{3}|a_5|\right)^{\frac{1}{6}}u-\alpha_1\right](s_1-\kappa)}{(\alpha_1-l_1)(\kappa-s_1)+(\kappa+s_1)\left[\left(\frac{1}{3}|a_5|\right)^{\frac{1}{6}}u-l_1\right]}\right|, \quad (5-50)$$

其中 $\kappa = \sqrt{(l_1-\alpha_1)^2+s_1^2}$.

证明 若 $F(g)=[(g-l_1)^2+s_1^2](g-\alpha_1)^4$，此时必有 $\varepsilon=1$，式(5-46)化为

$$\pm(\xi-\xi_0)=\int\frac{\mathrm{d}g}{(g-\alpha_1)^2\sqrt{(g-l_1)^2+s_1^2}},$$

作代换 $g=s_1\tan\varphi+l_1$，则

$$\pm(\xi-\xi_0)=\frac{-s_1\sqrt{(g-l_1)^2+s_1^2}}{s_1\kappa^2(g-\alpha_1)}+\frac{1}{\kappa^3}\ln\left|\frac{(g-\alpha_1)(s_1-\kappa)}{(\alpha_1-l_1)(\kappa-s_1)+(\kappa+s_1)(g-l_1)}\right|.$$

因此方程(5-1)的解为

$$\pm\left[\left(\frac{1}{3}|a_5|\right)^{\frac{1}{6}}\xi_1-\xi_0\right]=\frac{-s_1\sqrt{\left[\left(\frac{1}{3}|a_5|\right)^{\frac{1}{6}}u-l_1\right]^2+s_1^2}}{s_1\kappa^2\left[\left(\frac{1}{3}|a_5|\right)^{\frac{1}{6}}u-\alpha_1\right]}$$

$$+\frac{1}{\kappa^3}\ln\left|\frac{\left[\left(\frac{1}{3}|a_5|\right)^{\frac{1}{6}}u-\alpha_1\right](s_1-\kappa)}{(\alpha_1-l_1)(\kappa-s_1)+(\kappa+s_1)\left[\left(\frac{1}{3}|a_5|\right)^{\frac{1}{6}}u-l_1\right]}\right|.$$

证明完毕.

定理 5.25 设 $F(g)=(g-\alpha_1)^4(g-\alpha_2)(g-\alpha_3)$，其中 $\alpha_1,\alpha_2,\alpha_3$ 是互不相等的实数，且 $\alpha_2<\alpha_3$.

(1)当 $\varepsilon=1,m>0$ 时，方程(5-1)有精确解

$$\pm(\xi-\xi_0)=\frac{-2}{(\alpha_1-\alpha_2)^2}\left[\frac{(1-m)t}{2m(t^2-m)}-\frac{m+1}{4\sqrt{m^3}}\ln\left|\frac{t+\sqrt{-m}}{t-\sqrt{-m}}\right|\right].\tag{5-51}$$

(2)当 $\varepsilon=1,m<0$ 时，方程(5-1)有精确解

$$\pm(\xi-\xi_0)=\frac{-2}{(\alpha_1-\alpha_2)^2}\left[\frac{-(1+m)t}{2m(t^2+m)}+\frac{1-m}{2\sqrt{-m^3}}\arctan\frac{t}{\sqrt{-m}}\right].\tag{5-52}$$

(3)当 $\varepsilon=-1,m>0$ 时，方程(5-1)有精确解

$$\pm(\xi-\xi_0)=\frac{-2}{(\alpha_1-\alpha_2)^2}\left[\frac{(1+m)\rho}{2m(\rho^2+m)}+\frac{m+1}{2\sqrt{m^3}}\arctan\frac{\rho}{\sqrt{m}}\right].\tag{5-53}$$

(4)当 $\varepsilon=-1,m<0$ 时，方程(5-1)有精确解

$$\pm(\xi-\xi_0)=\frac{-2}{(\alpha_1-\alpha_2)^2}\left[\frac{(1-m)\rho}{2m(\rho^2+m)}-\frac{m+1}{4\sqrt{-m^3}}\ln\left|\frac{\rho+\sqrt{-m}}{\rho-\sqrt{-m}}\right|\right]. \qquad (5-54)$$

其中

$$m=\frac{\alpha_3-\alpha_1}{\alpha_2-\alpha_1},$$

$$t=\sqrt{\frac{\left(\frac{1}{3}|a_5|\right)^{\frac{1}{6}}u-\alpha_3}{\left(\frac{1}{3}|a_5|\right)^{\frac{1}{6}}u-\alpha_2}},$$

$$\rho=\sqrt{\frac{\left(\frac{1}{3}|a_5|\right)^{\frac{1}{6}}u-\alpha_3}{\alpha_2-\left(\frac{1}{3}|a_5|\right)^{\frac{1}{6}}u}}.$$

证明 当 $\varepsilon=1$ 时,式(5-46)化为

$$\pm(\xi-\xi_0)=\int\frac{\mathrm{d}g}{(g-\alpha_1)^2\sqrt{(g-\alpha_2)(g-\alpha_3)}},$$

作欧拉代换

$$\sqrt{(g-\alpha_2)(g-\alpha_3)}=t(g-\alpha_2),$$

则

$$\pm(\xi-\xi_0)=\frac{-2}{(\alpha_1-\alpha_2)^2}\int\left[\frac{m-1}{(t^2-m)^2}+\frac{1}{t^2-m}\right]\mathrm{d}t.$$

(1)当 $m>0$ 时,

$$\pm(\xi-\xi_0)=\frac{-2}{(\alpha_1-\alpha_2)^2}\left[\frac{(1-m)t}{2m(t^2-m)}-\frac{m+1}{4\sqrt{m^3}}\ln\left|\frac{t+\sqrt{-m}}{t-\sqrt{-m}}\right|\right].$$

(2)当 $m<0$ 时,

$$\pm(\xi-\xi_0)=\frac{-2}{(\alpha_1-\alpha_2)^2}\left[\frac{-(1+m)t}{2m(t^2+m)}+\frac{1-m}{2\sqrt{-m^3}}\arctan\frac{t}{\sqrt{-m}}\right].$$

当 $\varepsilon=-1$ 时,式(5-46)化为

$$\pm(\xi-\xi_0)=\int\frac{\mathrm{d}g}{(g-\alpha_1)^2\sqrt{(\alpha_2-g)(g-\alpha_3)}},$$

作欧拉代换

$$\sqrt{(\alpha_2 - g)(g - \alpha_3)} = t(g - \alpha_2),$$

则

$$\pm(\xi - \xi_0) = \frac{-2}{(\alpha_1 - \alpha_2)^2} \int \frac{t^2 + 1}{(t^2 + m)^2} dt.$$

(3)当 $m > 0$ 时,

$$\pm(\xi - \xi_0) = \frac{-2}{(\alpha_1 - \alpha_2)^2} \left[\frac{(1-m)\rho}{2m(\rho^2 + m)} + \frac{m+1}{2\sqrt{m^3}} \arctan \frac{\rho}{\sqrt{m}} \right].$$

(4)当 $m < 0$ 时,

$$\pm(\xi - \xi_0) = \frac{-2}{(\alpha_1 - \alpha_2)^2} \left[\frac{(1-m)\rho}{2m(\rho^2 + m)} - \frac{m+1}{4\sqrt{-m^3}} \ln \left| \frac{\rho + \sqrt{-m}}{\rho - \sqrt{-m}} \right| \right].$$

证明完毕.

定理 5.26 设 $F(g) = (g - \alpha_1)^3 (g - \alpha_2)^2 (g - \alpha_3)$,其中 $\alpha_1, \alpha_2, \alpha_3$ 是互不相等的实数.

(1)当 $\varepsilon = 1, m_1 > 0$ 时,方程(5-1)有精确解

$$\pm(\xi - \xi_0) = \frac{-2}{(\alpha_1 - \alpha_2)(\alpha_3 - \alpha_1)} \left(t - \frac{1 + m_1}{\sqrt{m_1}} \arctan \frac{t}{\sqrt{m_1}} \right). \tag{5-55}$$

(2)当 $\varepsilon = 1, m_1 < 0$ 时,方程(5-1)有精确解

$$\pm(\xi - \xi_0) = \frac{2}{(\alpha_1 - \alpha_2)(\alpha_3 - \alpha_1)} \left(t - \frac{1 + m_1}{2} \ln \left| \frac{t - \sqrt{-m_1}}{t + \sqrt{-m_1}} \right| \right). \tag{5-56}$$

(3)当 $\varepsilon = -1, m_1 > 0$ 时,方程(5-1)有精确解

$$\pm(\xi - \xi_0) = \frac{2}{(\alpha_1 - \alpha_2)(\alpha_1 - \alpha_3)} \left(\rho + \frac{1 + m_1}{2} \ln \left| \frac{\rho - \sqrt{m_1}}{\rho + \sqrt{m_1}} \right| \right). \tag{5-57}$$

(4)当 $\varepsilon = -1, m_1 < 0 \sim$ 时,方程(5-1)有精确解

$$\pm(\xi - \xi_0) = \frac{2}{(\alpha_1 - \alpha_2)(\alpha_1 - \alpha_3)} \left(\rho + \frac{1 + m_1}{\sqrt{-m_1}} \arctan \frac{\rho}{\sqrt{-m_1}} \right). \tag{5-58}$$

其中

$$m_1 = \frac{\alpha_3 - \alpha_1}{\alpha_2 - \alpha_1},$$

$$t = \sqrt{\dfrac{\left(\dfrac{1}{3}\mid a_5 \mid\right)^{\frac{1}{6}} u - \alpha_3}{\left(\dfrac{1}{3}\mid a_5 \mid\right)^{\frac{1}{6}} u - \alpha_2}},$$

$$\rho = \sqrt{\dfrac{\left(\dfrac{1}{3}\mid a_5 \mid\right)^{\frac{1}{6}} u - \alpha_3}{\alpha_2 - \left(\dfrac{1}{3}\mid a_5 \mid\right)^{\frac{1}{6}} u}}.$$

证明 当 $\varepsilon = 1$ 时,式(5-46)化为

$$\pm(\xi - \xi_0) = \int \frac{\mathrm{d}g}{(g - \alpha_1)(g - \alpha_2)\sqrt{(g - \alpha_1)(g - \alpha_3)}},$$

作欧拉代换

$$\sqrt{(g - \alpha_1)(g - \alpha_3)} = t(g - \alpha_1),$$

则

$$\pm(\xi - \xi_0) = \frac{2}{(\alpha_1 - \alpha_2)(\alpha_3 - \alpha_1)} \int \frac{t^2 - 1}{t^2 + m_1} \mathrm{d}t.$$

(1)当 $m_1 > 0$ 时,

$$\pm(\xi - \xi_0) = \frac{2}{(\alpha_1 - \alpha_2)(\alpha_3 - \alpha_1)} \left(t - \frac{1 + m_1}{\sqrt{m_1}} \arctan \frac{t}{\sqrt{m_1}} \right).$$

(2)当 $m_1 < 0$ 时,

$$\pm(\xi - \xi_0) = \frac{2}{(\alpha_1 - \alpha_2)(\alpha_3 - \alpha_1)} \left(t - \frac{1 + m_1}{2} \ln \left| \frac{t - \sqrt{-m_1}}{t + \sqrt{-m_1}} \right| \right).$$

当 $\varepsilon = -1$ 时,式(5-46)化为

$$\pm(\xi - \xi_0) = \int \frac{\mathrm{d}g}{(g - \alpha_1)(g - \alpha_2)\sqrt{(\alpha_1 - g)(g - \alpha_3)}},$$

作欧拉代换

$$\sqrt{(\alpha_1 - g)(g - \alpha_3)} = t(g - \alpha_1),$$

则

$$\pm(\xi - \xi_0) = \frac{2}{(\alpha_1 - \alpha_2)(\alpha_1 - \alpha_3)} \int \frac{t^2 + 1}{t^2 - m_1} \mathrm{d}t.$$

（3）当 $m_1>0$ 时，

$$\pm(\xi-\xi_0)=\frac{2}{(\alpha_1-\alpha_2)(\alpha_1-\alpha_3)}\left(\rho+\frac{1+m_1}{2}\ln\left|\frac{\rho-\sqrt{m_1}}{\rho+\sqrt{m_1}}\right|\right).$$

（4）当 $m_1<0$ 时，

$$\pm(\xi-\xi_0)=\frac{2}{(\alpha_1-\alpha_2)(\alpha_1-\alpha_3)}\left(\rho+\frac{1+m_1}{\sqrt{-m_1}}\arctan\frac{\rho}{\sqrt{-m_1}}\right).$$

证明完毕.

定理 5.27 设 $F(g)=(g-\alpha_1)^2(g-\alpha_2)^2(g-\alpha_3)(g-\alpha_4)$，其中 $\alpha_1,\alpha_2,\alpha_3,\alpha_4$ 是互不相等的实数，且 $\alpha_1>\alpha_2,\alpha_3>\alpha_4$.

（1）当 $\varepsilon=1,m_2>0,m_3>0$ 时，方程（5-1）有精确解

$$\pm(\xi-\xi_0)=-A\ln\left|\frac{t-\sqrt{m_2}}{t+\sqrt{m_2}}\right|-B\ln\left|\frac{t-\sqrt{m_3}}{t+\sqrt{m_3}}\right|. \tag{5-59}$$

（2）当 $\varepsilon=1,m_2>0,m_3<0$ 时，方程（5-1）有精确解

$$\pm(\xi-\xi_0)=-A\ln\left|\frac{t-\sqrt{m_2}}{t+\sqrt{m_2}}\right|-\frac{2B}{\sqrt{-m_3}}\arctan\frac{t}{\sqrt{-m_3}}. \tag{5-60}$$

（3）当 $\varepsilon=1,m_2<0,m_3>0$ 时，方程（5-1）有精确解

$$\pm(\xi-\xi_0)=-\frac{2A}{\sqrt{-m_2}}\arctan\frac{t}{\sqrt{-m_2}}-B\ln\left|\frac{t-\sqrt{m_3}}{t+\sqrt{m_3}}\right|. \tag{5-61}$$

（4）当 $\varepsilon=1,m_2<0,m_3<0$ 时，方程（5-1）有精确解

$$\pm(\xi-\xi_0)=-\frac{2A}{\sqrt{-m_2}}\arctan\frac{t}{\sqrt{-m_2}}-\frac{2B}{\sqrt{-m_3}}\arctan\frac{t}{\sqrt{-m_3}}. \tag{5-62}$$

（5）当 $\varepsilon=-1,m_2>0,m_3>0$ 时，方程（5-1）有精确解

$$\pm(\xi-\xi_0)=-\frac{2D}{\sqrt{m_2}}\arctan\frac{\rho}{\sqrt{m_2}}-\frac{2G}{\sqrt{m_3}}\arctan\frac{\rho}{\sqrt{m_3}}. \tag{5-63}$$

（6）当 $\varepsilon=-1,m_2>0,m_3<0$ 时，方程（5-1）有精确解

$$\pm(\xi-\xi_0)=-\frac{2D}{\sqrt{m_2}}\arctan\frac{\rho}{\sqrt{m_2}}-G\ln\left|\frac{\rho-\sqrt{-m_3}}{\rho+\sqrt{-m_3}}\right|. \tag{5-64}$$

（7）当 $\varepsilon=-1,m_2<0,m_3>0$ 时，方程（5-1）有精确解

$$\pm(\xi-\xi_0) = -D\ln\left|\frac{\rho-\sqrt{-m_2}}{\rho+\sqrt{-m_2}}\right| - \frac{2G}{\sqrt{m_3}}\arctan\frac{\rho}{\sqrt{m_3}}. \qquad (5-65)$$

（8）当 $\varepsilon=-1, m_2<0, m_3<0$ 时，方程（5-1）有精确解

$$\pm(\xi-\xi_0) = -D\ln\left|\frac{\rho-\sqrt{-m_2}}{\rho+\sqrt{-m_2}}\right| - G\ln\left|\frac{\rho-\sqrt{-m_3}}{\rho+\sqrt{-m_3}}\right|. \qquad (5-66)$$

其中

$$m_2 = \frac{\alpha_3-\alpha_1}{\alpha_4-\alpha_1},$$

$$m_3 = \frac{\alpha_3-\alpha_2}{\alpha_4-\alpha_2},$$

$$A = \frac{(\alpha_3+\alpha_4-2\alpha_1)/(\alpha_4-\alpha_1)}{\begin{vmatrix} \alpha_4-\alpha_2 & \alpha_4-\alpha_1 \\ \alpha_3-\alpha_2 & \alpha_3-\alpha_1 \end{vmatrix}},$$

$$B = \frac{(2\alpha_2-\alpha_3-\alpha_4)/(\alpha_4-\alpha_2)}{\begin{vmatrix} \alpha_4-\alpha_2 & \alpha_4-\alpha_1 \\ \alpha_3-\alpha_2 & \alpha_3-\alpha_1 \end{vmatrix}},$$

$$D = \frac{(\alpha_4-\alpha_3)/(\alpha_4-\alpha_2)}{\begin{vmatrix} \alpha_4-\alpha_2 & \alpha_4-\alpha_1 \\ \alpha_3-\alpha_2 & \alpha_3-\alpha_1 \end{vmatrix}},$$

$$G = \frac{(\alpha_4-\alpha_3)/(\alpha_4-\alpha_1)}{\begin{vmatrix} \alpha_4-\alpha_2 & \alpha_4-\alpha_1 \\ \alpha_3-\alpha_2 & \alpha_3-\alpha_1 \end{vmatrix}},$$

$$t = \sqrt{\left[\left(\frac{1}{3}|a_5|\right)^{\frac{1}{6}}u-\alpha_3\right]\Big/\left[\left(\frac{1}{3}|a_5|\right)^{\frac{1}{6}}u-\alpha_4\right]},$$

$$\rho = \sqrt{\left[\left(\frac{1}{3}|a_5|\right)^{\frac{1}{6}}u-\alpha_3\right]\Big/\left[\alpha_4-\left(\frac{1}{3}|a_5|\right)^{\frac{1}{6}}u\right]}.$$

证明 当 $\varepsilon=1$ 时，式（5-46）化为

$$\pm(\xi-\xi_0) = \int\frac{\mathrm{d}g}{(g-\alpha_1)(g-\alpha_2)\sqrt{(g-\alpha_3)(g-\alpha_4)}},$$

作欧拉代换

$$\sqrt{(g-\alpha_3)(g-\alpha_4)} = t(g-\alpha_4),$$

则

$$\pm(\xi-\xi_0) = -2A\int \frac{1}{t^2-m_2}dt - 2B\int \frac{1}{t^2-m_3}dt.$$

（1）当 $m_2>0, m_3>0$ 时，

$$\pm(\xi-\xi_0) = -A\ln\left|\frac{t-\sqrt{m_2}}{t+\sqrt{m_2}}\right| - B\ln\left|\frac{t-\sqrt{m_3}}{t+\sqrt{m_3}}\right|.$$

（2）当 $m_2>0, m_3<0$ 时，

$$\pm(\xi-\xi_0) = -A\ln\left|\frac{t-\sqrt{m_2}}{t+\sqrt{m_2}}\right| - \frac{2B}{\sqrt{-m_3}}\arctan\frac{t}{\sqrt{-m_3}}.$$

（3）当 $m_2<0, m_3>0$ 时，

$$\pm(\xi-\xi_0) = -\frac{2A}{\sqrt{-m_2}}\arctan\frac{t}{\sqrt{-m_2}} - B\ln\left|\frac{t-\sqrt{m_3}}{t+\sqrt{m_3}}\right|.$$

（4）当 $m_2<0, m_3<0$ 时，

$$\pm(\xi-\xi_0) = -\frac{2A}{\sqrt{-m_2}}\arctan\frac{t}{\sqrt{-m_2}} - \frac{2B}{\sqrt{-m_3}}\arctan\frac{t}{\sqrt{-m_3}}.$$

当 $\varepsilon=-1$ 时，式（5-46）化为

$$\pm(\xi-\xi_0) = \int \frac{dg}{(g-\alpha_1)(g-\alpha_2)\sqrt{(\alpha_3-g)(g-\alpha_4)}},$$

作欧拉代换

$$\sqrt{(\alpha_3-g)(g-\alpha_4)} = t(g-\alpha_4),$$

则

$$\pm(\xi-\xi_0) = -2D\int \frac{1}{t^2+m_2}dt - 2G\int \frac{1}{t^2+m_3}dt.$$

（5）当 $m_2>0, m_3>0$ 时，

$$\pm(\xi-\xi_0) = -\frac{2D}{\sqrt{m_2}}\arctan\frac{\rho}{\sqrt{m_2}} - \frac{2G}{\sqrt{m_3}}\arctan\frac{\rho}{\sqrt{m_3}}.$$

（6）当 $m_2>0, m_3<0$ 时，

$$\pm(\xi-\xi_0) = -\frac{2D}{\sqrt{m_2}}\arctan\frac{\rho}{\sqrt{m_2}} - G\ln\left|\frac{\rho-\sqrt{-m_3}}{\rho+\sqrt{-m_3}}\right|.$$

（7）当 $m_2 < 0, m_3 > 0$ 时，

$$\pm(\xi - \xi_0) = -D\ln\left|\frac{\rho - \sqrt{-m_2}}{\rho + \sqrt{-m_2}}\right| - \frac{2G}{\sqrt{m_3}}\arctan\frac{\rho}{\sqrt{m_3}}.$$

（8）当 $m_2 < 0, m_3 < 0$ 时，

$$\pm(\xi - \xi_0) = -D\ln\left|\frac{\rho - \sqrt{-m_2}}{\rho + \sqrt{-m_2}}\right| - G\ln\left|\frac{\rho - \sqrt{-m_3}}{\rho + \sqrt{-m_3}}\right|.$$

证明完毕.

定理 5.28 设 $F(g) = (g - \alpha_1)^2(g - \alpha_2)(g - \alpha_3)(g - \alpha_4)(g - \alpha_5)$，其中 $\alpha_1, \alpha_2, \alpha_3, \alpha_4, \alpha_5$ 是互不相等的实数，且 $\alpha_2 > \alpha_3 > \alpha_4 > \alpha_5$.

（1）当 $\varepsilon = 1, g > \alpha_2$ 时，

$$\pm(\xi - \xi_0) = \frac{2}{(\alpha_1 - \alpha_2)(\alpha_1 - \alpha_3)\sqrt{(\alpha_2 - \alpha_4)(\alpha_3 - \alpha_5)}}$$
$$\left\{(\alpha_2 - \alpha_3) \times \Pi\left[\eta, \frac{(\alpha_2 - \alpha_5)(\alpha_1 - \alpha_3)}{(\alpha_1 - \alpha_2)(\alpha_3 - \alpha_5)}, q\right] + (\alpha_1 - \alpha_2)F(\eta, q)\right\}. \quad (5\text{-}67)$$

（2）当 $\varepsilon = 1, \alpha_4 < g < \alpha_3$ 时，

$$\pm(\xi - \xi_0) = \frac{2}{(\alpha_1 - \alpha_4)(\alpha_1 - \alpha_5)\sqrt{(\alpha_2 - \alpha_4)(\alpha_3 - \alpha_5)}}$$
$$\left\{(\alpha_4 - \alpha_5) \times \Pi\left[\delta, \frac{(\alpha_3 - \alpha_4)(\alpha_1 - \alpha_5)}{(\alpha_3 - \alpha_5)(\alpha_1 - \alpha_4)}, q\right] + (\alpha_1 - \alpha_4)F(\delta, q)\right\}. \quad (5\text{-}68)$$

（3）当 $\varepsilon = 1, g < \alpha_5$ 时，

$$\pm(\xi - \xi_0) = \frac{2}{(\alpha_1 - \alpha_4)(\alpha_1 - \alpha_5)\sqrt{(\alpha_2 - \alpha_4)(\alpha_3 - \alpha_5)}}$$
$$\left\{(\alpha_5 - \alpha_4) \times \Pi\left[\alpha, \frac{(\alpha_2 - \alpha_5)(\alpha_1 - \alpha_4)}{(\alpha_2 - \alpha_4)(\alpha_1 - \alpha_5)}, q\right] + (\alpha_1 - \alpha_5)F(\alpha, q)\right\}. \quad (5\text{-}69)$$

（4）当 $\varepsilon = -1, \alpha_3 < g < \alpha_2$ 时，

$$\pm(\xi - \xi_0) = \frac{2}{(\alpha_1 - \alpha_2)(\alpha_1 - \alpha_5)\sqrt{(\alpha_2 - \alpha_4)(\alpha_3 - \alpha_5)}}$$
$$\left\{(\alpha_2 - \alpha_5) \times \Pi\left[\mu, \frac{(\alpha_3 - \alpha_3)(\alpha_1 - \alpha_5)}{(\alpha_3 - \alpha_5)(\alpha_1 - \alpha_2)}, r\right] + (\alpha_1 - \alpha_2)F(\mu, r)\right\}. \quad (5\text{-}70)$$

(5)当 $\varepsilon = -1, \alpha_5 < g < \alpha_4$ 时，

$$\pm(\xi - \xi_0) = \frac{2}{(\alpha_1 - \alpha_3)(\alpha_1 - \alpha_4)\sqrt{(\alpha_2 - \alpha_4)(\alpha_3 - \alpha_5)}}$$
$$\left\{(\alpha_4 - \alpha_3) \times \Pi\left[\gamma, \frac{(\alpha_4 - \alpha_5)(\alpha_1 - \alpha_3)}{(\alpha_3 - \alpha_5)(\alpha_1 - \alpha_4)}, r\right] + (\alpha_1 - \alpha_4)F(\gamma, r)\right\}. \quad (5-71)$$

其中

$$\eta = \arcsin \sqrt{\frac{(\alpha_3 - \alpha_5)\left[\alpha_2 - \left(\frac{1}{3}|a_5|\right)^{\frac{1}{6}}u\right]}{(\alpha_2 - \alpha_5)\left[\alpha_3 - \left(\frac{1}{3}|a_5|\right)^{\frac{1}{6}}u\right]}},$$

$$\delta = \arcsin \sqrt{\frac{(\alpha_3 - \alpha_5)\left[\alpha_4 - \left(\frac{1}{3}|a_5|\right)^{\frac{1}{6}}u\right]}{(\alpha_3 - \alpha_4)\left[\alpha_5 - \left(\frac{1}{3}|a_5|\right)^{\frac{1}{6}}u\right]}},$$

$$\alpha = \arcsin \sqrt{\frac{(\alpha_2 - \alpha_4)\left[\alpha_5 - \left(\frac{1}{3}|a_5|\right)^{\frac{1}{6}}u\right]}{(\alpha_2 - \alpha_5)\left[\alpha_4 - \left(\frac{1}{3}|a_5|\right)^{\frac{1}{6}}u\right]}},$$

$$\mu = \arcsin \sqrt{\frac{(\alpha_3 - \alpha_5)\left[\alpha_2 - \left(\frac{1}{3}|a_5|\right)^{\frac{1}{6}}u\right]}{(\alpha_2 - \alpha_3)\left[\left(\frac{1}{3}|a_5|\right)^{\frac{1}{6}}u - \alpha_5\right]}},$$

$$\gamma = \arcsin \sqrt{\frac{(\alpha_3 - \alpha_5)\left[\alpha_4 - \left(\frac{1}{3}|a_5|\right)^{\frac{1}{6}}u\right]}{(\alpha_4 - \alpha_5)\left[\alpha_3 - \left(\frac{1}{3}|a_5|\right)^{\frac{1}{6}}u\right]}},$$

$$q = \sqrt{\frac{(\alpha_3 - \alpha_4)(\alpha_2 - \alpha_5)}{(\alpha_2 - \alpha_4)(\alpha_3 - \alpha_5)}},$$

$$r = \sqrt{\frac{(\alpha_2 - \alpha_3)(\alpha_4 - \alpha_5)}{(\alpha_2 - \alpha_4)(\alpha_3 - \alpha_5)}},$$

证明 （1）当 $\varepsilon=1, g>\alpha_2$ 时，作代换

$$g=\frac{\alpha_3(\alpha_2-\alpha_5)\sin^2\eta-\alpha_2(\alpha_3-\alpha_5)}{(\alpha_2-\alpha_5)\sin^2\eta-(\alpha_3-\alpha_5)}, \tag{5-72}$$

则式（5-46）化为

$$\pm(\xi-\xi_0)=\frac{2}{(\alpha_1-\alpha_2)(\alpha_1-\alpha_3)\sqrt{(\alpha_2-\alpha_4)(\alpha_3-\alpha_5)}}\left\{\int\frac{\alpha_1-\alpha_2}{\sqrt{1-q^2\sin^2\eta}}\mathrm{d}\eta+(\alpha_2-\alpha_3)\right.$$

$$\left.\int\frac{\mathrm{d}\eta}{\left[1+\frac{(\alpha_2-\alpha_5)(\alpha_1-\alpha_3)}{(\alpha_1-\alpha_2)(\alpha_3-\alpha_5)}\sin^2\eta\right]\sqrt{1-q^2\sin^2\eta}}\right\}.$$

由 Legendre 椭圆函数的定义知，方程（5-1）的解为

$$\pm(\xi-\xi_0)=\frac{2}{(\alpha_1-\alpha_2)(\alpha_1-\alpha_3)\sqrt{(\alpha_2-\alpha_4)(\alpha_3-\alpha_5)}}$$

$$\left\{(\alpha_2-\alpha_3)\times\Pi\left[\eta,\frac{(\alpha_2-\alpha_5)(\alpha_1-\alpha_3)}{(\alpha_1-\alpha_2)(\alpha_3-\alpha_5)},q\right]+(\alpha_1-\alpha_2)\mathrm{F}(\eta,q)\right\}.$$

由式（5-72）得

$$\eta=\arcsin\sqrt{\frac{(\alpha_3-\alpha_5)\left[\alpha_2-\left(\frac{1}{3}|a_5|\right)^{\frac{1}{6}}u\right]}{(\alpha_2-\alpha_5)\left[\alpha_3-\left(\frac{1}{3}|a_5|\right)^{\frac{1}{6}}u\right]}}.$$

（2）当 $\varepsilon=1, \alpha_4<g<\alpha_3$ 时，作代换

$$g=\frac{\alpha_5(\alpha_3-\alpha_4)\sin^2\delta-\alpha_4(\alpha_3-\alpha_5)}{(\alpha_3-\alpha_4)\sin^2\delta-(\alpha_3-\alpha_5)}, \tag{5-73}$$

则式（5-46）化为

$$\pm(\xi-\xi_0)=\frac{2}{(\alpha_1-\alpha_4)(\alpha_1-\alpha_5)\sqrt{(\alpha_2-\alpha_4)(\alpha_3-\alpha_5)}}\left\{\int\frac{\alpha_1-\alpha_4}{\sqrt{1-q^2\sin^2\eta}}\mathrm{d}\delta+(\alpha_2-\alpha_3)\right.$$

$$\left.\int\frac{\mathrm{d}\delta}{\left[1+\frac{(\alpha_3-\alpha_4)(\alpha_1-\alpha_5)}{(\alpha_3-\alpha_5)(\alpha_1-\alpha_4)}\sin^2\delta\right]\sqrt{1-q^2\sin^2\delta}}\right\}.$$

由 Legendre 椭圆函数的定义知，方程（5-1）的解为

$$\pm(\xi-\xi_0)=\frac{2}{(\alpha_1-\alpha_4)(\alpha_1-\alpha_5)\sqrt{(\alpha_2-\alpha_4)(\alpha_3-\alpha_5)}}$$

$$\left\{(\alpha_4-\alpha_5)\times\Pi\left[\delta,\frac{(\alpha_3-\alpha_4)(\alpha_1-\alpha_5)}{(\alpha_3-\alpha_5)(\alpha_1-\alpha_4)},q\right]+(\alpha_1-\alpha_4)\mathrm{F}(\delta,q)\right\}.$$

由式(5-73)得

$$\delta=\arcsin\sqrt{\frac{(\alpha_3-\alpha_5)\left[\alpha_4-\left(\frac{1}{3}\mid a_5\mid\right)^{\frac{1}{6}}u\right]}{(\alpha_3-\alpha_4)\left[\alpha_5-\left(\frac{1}{3}\mid a_5\mid\right)^{\frac{1}{6}}u\right]}}.$$

(3)当 $\varepsilon=1$，$g<\alpha_5$ 时，作代换

$$g=\frac{\alpha_4(\alpha_2-\alpha_5)\sin^2\alpha-\alpha_5(\alpha_2-\alpha_4)}{(\alpha_2-\alpha_5)\sin^2\alpha-(\alpha_2-\alpha_4)},\tag{5-74}$$

则式(5-46)化为

$$\pm(\xi-\xi_0)=\frac{2}{(\alpha_1-\alpha_4)(\alpha_1-\alpha_5)\sqrt{(\alpha_2-\alpha_4)(\alpha_3-\alpha_5)}}\left\{\int\frac{\alpha_1-\alpha_4}{\sqrt{1-q^2\sin^2\eta}}\mathrm{d}\alpha+(\alpha_2-\alpha_3)\right.$$

$$\left.\int\frac{\mathrm{d}\alpha}{\left[1+\frac{(\alpha_3-\alpha_4)(\alpha_1-\alpha_5)}{(\alpha_3-\alpha_5)(\alpha_1-\alpha_4)}\sin^2\alpha\right]\sqrt{1-q^2\sin^2\alpha}}\right\}.$$

由 Legendre 椭圆函数的定义知，方程(5-1)的解为

$$\pm(\xi-\xi_0)=\frac{2}{(\alpha_1-\alpha_4)(\alpha_1-\alpha_5)\sqrt{(\alpha_2-\alpha_4)(\alpha_3-\alpha_5)}}$$

$$\left\{(\alpha_5-\alpha_4)\times\Pi\left[\alpha,\frac{(\alpha_2-\alpha_5)(\alpha_1-\alpha_4)}{(\alpha_2-\alpha_4)(\alpha_1-\alpha_5)},q\right]+(\alpha_1-\alpha_5)\mathrm{F}(\alpha,q)\right\}.$$

由方程(5-74)得

$$\alpha=\arcsin\sqrt{\frac{(\alpha_2-\alpha_4)\left[\alpha_5-\left(\frac{1}{3}\mid a_5\mid\right)^{\frac{1}{6}}u\right]}{(\alpha_2-\alpha_5)\left[\alpha_4-\left(\frac{1}{3}\mid a_5\mid\right)^{\frac{1}{6}}u\right]}}.$$

（4）当 $\varepsilon=-1,\alpha_3<g<\alpha_2$ 时，作代换

$$g=\frac{\alpha_4(\alpha_2-\alpha_3)\sin^2\mu-\alpha_3(\alpha_2-\alpha_4)}{(\alpha_2-\alpha_3)\sin^2\mu-(\alpha_2-\alpha_4)}, \tag{5-75}$$

则式（5-46）化为

$$\pm(\xi-\xi_0)=\frac{2}{(\alpha_1-\alpha_2)(\alpha_1-\alpha_5)\sqrt{(\alpha_2-\alpha_4)(\alpha_3-\alpha_5)}}\left\{\left\{\int\frac{\alpha_1-\alpha_2}{\sqrt{1-r^2\sin^2\eta}}\mathrm{d}\mu+(\alpha_2-\alpha_5)\right.\right.$$

$$\int\frac{\mathrm{d}\mu}{\left[1+\frac{(\alpha_3-\alpha_3)(\alpha_1-\alpha_5)}{(\alpha_3-\alpha_5)(\alpha_1-\alpha_2)}\sin^2\mu\right]\sqrt{1-r^2\sin^2\mu}}\right\}.$$

由 Legendre 椭圆函数的定义知，方程（5-1）的解为

$$\pm(\xi-\xi_0)=\frac{2}{(\alpha_1-\alpha_2)(\alpha_1-\alpha_5)\sqrt{(\alpha_2-\alpha_4)(\alpha_3-\alpha_5)}}$$

$$\left\{(\alpha_2-\alpha_5)\times\Pi\left[\mu,\frac{(\alpha_3-\alpha_3)(\alpha_1-\alpha_5)}{(\alpha_3-\alpha_5)(\alpha_1-\alpha_2)},r\right]+(\alpha_1-\alpha_2)\mathrm{F}(\mu,r)\right\}.$$

由式（5-75）得

$$\mu=\arcsin\sqrt{\frac{(\alpha_3-\alpha_5)\left[\alpha_2-\left(\frac{1}{3}\mid a_5\mid\right)^{\frac{1}{6}}u\right]}{(\alpha_2-\alpha_3)\left[\left(\frac{1}{3}\mid a_5\mid\right)^{\frac{1}{6}}u-\alpha_5\right]}}.$$

（5）当 $\varepsilon=-1,\alpha_5<g<\alpha_4$ 时，作代换

$$g=\frac{\alpha_2(\alpha_4-\alpha_5)\sin^2\gamma-\alpha_5(\alpha_4-\alpha_1)}{(\alpha_4-\alpha_5)\sin^2\gamma-(\alpha_4-\alpha_2)}, \tag{5-76}$$

则式（5-46）化为

$$\pm(\xi-\xi_0)=\frac{2}{(\alpha_1-\alpha_3)(\alpha_1-\alpha_4)\sqrt{(\alpha_2-\alpha_4)(\alpha_3-\alpha_5)}}\left\{\left\{\int\frac{\alpha_1-\alpha_4}{\sqrt{1-r^2\sin^2\eta}}\mathrm{d}\gamma+(\alpha_4-\alpha_3)\right.\right.$$

$$\int\frac{\mathrm{d}\gamma}{\left[1+\frac{(\alpha_4-\alpha_5)(\alpha_1-\alpha_3)}{(\alpha_3-\alpha_5)(\alpha_1-\alpha_4)}\sin^2\gamma\right]\sqrt{1-r^2\sin^2\gamma}}\right\}.$$

由 Legendre 椭圆函数的定义知，方程（5-1）的解为

$$\pm(\xi-\xi_0)=\cfrac{2}{(\alpha_1-\alpha_3)(\alpha_1-\alpha_4)\sqrt{(\alpha_2-\alpha_4)(\alpha_3-\alpha_5)}}$$

$$\left\{(\alpha_4-\alpha_3)\times\Pi\left[\gamma,\frac{(\alpha_4-\alpha_5)(\alpha_1-\alpha_3)}{(\alpha_3-\alpha_5)(\alpha_1-\alpha_4)},r\right]+(\alpha_1-\alpha_4)F(\gamma,r)\right\}.$$

由式(5-76)得

$$\gamma=\arcsin\sqrt{\cfrac{(\alpha_3-\alpha_5)\left[\alpha_4-\left(\cfrac{1}{3}\mid a_5\mid\right)^{\frac{1}{6}}u\right]}{(\alpha_4-\alpha_5)\left[\alpha_3-\left(\cfrac{1}{3}\mid a_5\mid\right)^{\frac{1}{6}}u\right]}}\;.$$

证明完毕.

114

参 考 文 献

［1］Ablowitz M J, Clarkson P A. Solitons, Nonlinear Evolution Equations and Inverse Scattering［M］. London: Cambridge University Press, 1991.

［2］Drazin P G, Johnson R S, Savit R. Solitons: An Introduction［J］. Physics Today, 1990, 43(7): 70-71.

［3］Haus H A, Wong W S. Solitons in Optical Communications［J］. Reviews of Modern Physics, 1996, 68(2): 423-444.

［4］Infeld E, Rowlands G. Nonlinear Waves, Solitons and Chaos［M］. London: Cambridge University Press, 2000.

［5］Calogero F, Degasperis A. Spectral Transform and Solitons［M］. Berlin: Springer-Verlag, 1983.

［6］Makhankov V G. Dynamics of Classical Solitons (in Non-integrable Systems)［J］. Physics Reports, 1978, 35(1): 1-128.

［7］Babelon O, Bernard D, Talon M. Introduction to Classical Integrable Systems: Synopsis of Integrable Systems［M］. London: Cambridge University Press, 2003.

［8］Vanhaecke P. Integrable Systems in the Realm of Algebraic Geometry［M］. Berlin: Springer-Verlag, 1996.

［9］Magri F, Casati P, Falqui G, et al.. Eight Lectures on Integrable Systems［J］. Lecture Notes in Physics, 1997, 638: 256-296.

［10］Dubrovin B A, Krichever I M, Novikov S P. Integrable Systems［J］. Encyclopaedia of Mathematical Sciences, 2001, 4(8): 177-332.

［11］McKean H P. Integrable Systems and Algebraic Curves［J］. Berlin: Springer-Verlag, 1979.

［12］Grammaticos B, Tamizhmani T, Kosmann S Y. Discrete Integrable Systems［M］. Berlin: Springer-Verlag, 2004.

［13］Kupershmidt B A. Integrable and Superintegrable Systems［M］. Singapore: World Scientific, 1990.

［14］Hirota R. The Direct Method in Soliton Theory［M］. London: Cambridge University Press, 2004.

［15］Matveev V B, Salle M A. Darboux Transformations and Solitons［M］. Berlin: Springer-Verlag, 1991.

［16］Clarkson P A. Nonclassical Symmetry Reductions of the Boussinesq Equation［J］. Chaos Solitons and Fractals, 1995, 5(12): 2261-2301.

［17］Corones J, Markovski B L, Rizov V A. A Lie Group Framework for Soliton Equations. I. Path Independent Case［J］. Journal of Mathematical Physics, 1977, 18(11): 2207-2213.

［18］Clarkson P A, Kruskal M D. New Similarity Reductions of the Boussinesq Equation［J］. Journal of Mathematical Physics, 1989, 30(10): 2201-2213.

［19］Korpel A. Solidary Wave Formation Through Nonlinear Coupling of Finite Exponential Waves［J］. Physics Letters A, 1978, 68(2): 179-181.

［20］Hereman W, Banerjee P P, Korpel A, et al.. Exact Solitary Wave Solutions of Non-linear Evolution and Wave Equations Using a Direct Algebraic Method［J］. Journal of Physics a General Physics, 1986, 19(5): 607-628.

[21]Fan E G, Zhang Y F. Integrable System and Computer Algebra[M]. Beijing: Science Press, 2004.

[22]Lan H B, Wang K L. Exact Solutions for Some Nonlinear Equations[J]. Physics Letters A, 1989, 137(7): 369-372.

[23]Malfliet W, Hereman W. The Tanh Method: I. Exact Solutions of Nonlinear Evolution and Wave Equations[J]. Physica Scripta, 1996, 54(6): 563-568.

[24]Wang M L, Zhou Y B, Li Z B. Application of a Homogeneous Balance Method to Exact Solutions of Nonlinear Equations in Mathematical Physics[J]. Physics Letters A, 1996, 216: 67-75.

[25]Liu S S, Fu Z T, Liu S D, et al.. Expansion Method About the Jacobi Elliptic Function and Its Applications to Nonlinear Wave Equations [J]. Journal of Physics, 2001, 50(11): 2068-2072.

[26]Fan E. Extended Tanh-Function Method and Its Applications to Nonlinear Equations[J]. Physics Letters A, 2000, 277(4): 212-218.

[27]Ma W X, Chen M. Direct Search for Exact Solutions to the Nonlinear Schrodinger Equation[J]. Applied Mathematics and Computation, 2009, 215(8): 2835-2842.

[28]Ma W X, Zhu Z. Solving the (3+1)-Dimensional Generalized KP and BKP Equations by the Multiple Exp-Function Algorithm[J]. Applied Mathematics and Computation, 2012, 218(24): 11871-11879.

[29]Yan Z Y. The New Tri-Function Method to Multiple Exact Solutions of Nonlinear Wave Equations [J]. Physica Scripta, 2008, 78(3): 035001.

[30]Yan Z Y. The Extended Jacobian Elliptic Function Expansion Method and Its Application in the Generalized Hirota-Satsuma Coupled KdV System[J]. Chaos Solitons and Fractals, 2003, 15(3): 575-583.

[31]Qu C, Zhang S, Liu R. Separation of Variables and Exact Solutions to Quasilinear Diffusion Equations with Nonlinear Source[J]. Physica D, 2000, 144(1): 97-123.

[32]Wang D S, Li H. Single and Multi-Solitary Wave Solutions to a Class of Nonlinear Evolution Equations[J]. Journal of Mathematical Analysis and Applications, 2008, 343(1): 273-298.

[33]Denis B, Anatoliy K P, Valeriy H S. Nonlinear Dynamical Systems of Mathematical Physics, Spectral and Symplectic Integrability Analysis[M]. Singapore: World Scientific, 2011.

[34]Liu C S. Travelling Wave Solutions of Triple Sine-Gordon Equation[J]. Chinese Physics Letters, 2004 ,21(12): 2369-2371.

[35]Liu C S. All Single Traveling Wave Solutions to (3+1) Dimensional Nizhnok-Novikov-Veselov Equation[J]. Communiacations in Theoretical Physics. 2006, 54(6): 991-992.

[36]Liu C S. Exact Traveliing Wave Solutions of a Kind of Generalized Ginzburg Lan-dau Equation [J]. Communications in Theoretical Physics, 2005, 43(4): 787-790.

[37]Liu C S. Classification of all Single Travelling Wave Solutions to Calogero Degasperis Focas Equation[J]. Communications in Theoretical Physics, 2007, 48(4): 601-604.

[38]Liu C S. Travelling Wave Solutions to 1+1 Dimensional Dispersive Long Wave Equation[J]. Chinese Physics, 2005, 14(9): 1710-1715.

116

[39] Liu C S. The Classification of Traveling Wave Solutions and Superposition of Multi-Solution to Camassa-Holm Equation with Dispersion[J]. Chinese Physics, 2007, 16(7): 1832-1837.

[40] Liu C S. Solution of ODE $u''+p(u)(u')^2+q(u)=0$ and Applications to Classifications of All Single Travelling Wave Solutions to Some Nonlinear Mathematical Physics Equations[J]. Communications in Theoretical Physics, 2008, 49(2): 291-296.

[41] Liu C S. Representation and Classification of Traveling Wave Solutions to Sinh-Gordon Equation [J]. Communications in Theoretical Physics, 2008, 49(1): 153-158.

[42] Liu C S. Applications of Complete Discrimination System for Polynomial for Cl-assifications of Ttraveling Wave Solutions to Nonlinear Differential Equations[J]. Computer Physics Communications, 2010, 181(2): 317-324.

[43] Pandir Y, Yusuf U, Gurefe Y, et al.. Classification of Exact Solutions for Some Nonlinear Partial Differential Equations with Generalized Evolution [J]. Abstract and Applied Analysis, 2012, 2012: 478531.

[44] Pandir Y, Gurefe Y, Misirli E. Classification of Exact Solutions to the Generalized Kadomtsev Petviashvili Equation[J]. Physica Scripta, 2013, 87(2): 025003.

[45] Hasan B. Classification of Exact Solutions for Generalized Form of K(m, n) Equation [J]. Abstract and Applied Analysis, 2013, 2013: 742643.

[46] Cheng Y J. Classification of Traveling Wave Solutions to the Modified Form of the Degasperis-Procesi Equation[J]. Mathematical and Computer Modelling, 2012, 56(1): 43-48.

[47] Cheng Y J. Classification of Traveling Wave Solutions to the Vakhnenko Equations[J]. Computers and Mathematics with Applications, 2011, 62(10): 3987-3996.

[48] Fan H L, Fan X F, Li X. On the Exact Solutions to the Long Short Wave Interaction System[J]. Chinese Physics B, 2013, 23(2): 020201.

[49] Fan H L. The Classification of the Single Traveling Wave Solutions to the Generalized Equal Width Equation[J]. Applied Mathematics and Computation, 2012, 219(2): 748-754.

[50] Fan H L, Li X. The Classification of the Single Travelling Wave Solutions to the Generalized Pochhammer Chree Equation[J]. Pramana, 2013, 81(6): 925-941.

[51] Wang C Y, Guan J, Wang B Y. The Classification of Single Travelling Wave Solutions to the Camassa Holm Degasperis Procesi Equation for Some Values of the Convective Parameter[J]. Pramana, 2011, 77(4): 759-764.

[52] Hu J Y. Classification of Single Travelling Wave Solutions to the Generalized Zakharov-Kuznetsov Equation[J]. Pramana Journal of Physics, 2013, 80(5): 771-783.

[53] Hu J Y. Classification of Single Traveling Wave Solutions to the Nonlinear Dispersion Drinfel-Sokolov System[J]. Applied Mathematics and Computation, 2012, 219(4): 2017-2025.

[54] Dai D Y, Yuan Y P. The Classification and Representation of Single Traveling Wa-ve Solutions to the Generalized Fornberg-Whitham Equation[J]. Applied Mathematics and Computation, 2014, 242: 729-735.

[55] Deng X J. A Note on Exact Travelling Wave Solutions for the Modified Camassa Holm and Degasperis Procesi Equations[J]. Applied Mathematics and Computation, 2011, 218(5): 2269-2276.

[56] Cao D, Du L J. The Classification of the Single Traveling Wave Solutions to (1+1) Dimensional Gardner Equation with Variable Coefficients[J]. Advances in Difference Equations, 2019: 121.

[57] Guan B, Li S B, Chen S Q, et al. The Classification of Single Traveling Wave Solutions to Coupled Time-Fractional KdV-Drinfel-Sokolov-Wilson System[J]. Results in Physics, 2019, 13: 102291.

[58] Yang S. The Envelope Travelling Wave Solutions to the Gerdjikov-Ivanov Model[J]. Pramana, 2018, 91(3): 1-6.

[59] Yang S. Classification of All Envelope Traveling Wave Solutions to (2+1) Dimensional Davey Stewartson Equation[J]. Modern Physics Letters B, 2010, 24(3): 363-368.

[60] Liu Y, Wang X. The Construction of Solutions to Zakharov-Kuznetsov Equation with Fractional Power Nonlinear Terms[J]. Advances in Difference Equations, 2019: 134.

[61] Wang X, Liu Y. All Envelop Traveling Wave Patterns to Nonlinear Schrodinger Equation in Parabolic Law Medium[J]. Modern Physics Letters B, 2019, 33(1): 1850428.

[62] Wang X, Liu Y. All Single Eravelling Wave Patterns to Fractional Jimbo Miwa Equation and Zakharov Kuznetsov Equation[J]. Pramana, 2019, 92(3): 1-6.

[63] Kai Y. The Classification of the Single Travelling Wave Solutions to the Variant Boussinesq Equations[J]. Pramana, 2016, 87(4): 1-5.

[64] Liu C S. Trial Equation Method and Its Applications to Nonlinear Evolution Equations[J]. Acta Physica Sinica Chinese Edition, 2005, 54(6): 2505-2509.

[65] Liu C S. Using Trial Equation Method to Solve the Exact Solutions for Two Kinds of KdV Equations with Variable Coefficients[J]. Acta Physica Sinica, 2005, 54(10): 4506-4510.

[66] Liu C S. A New Trial Equation Method and Its Applications[J]. Communications in Theoretical Physics, 2006, 45(3): 395-397.

[67] Liu C S. Trial Equation Method Based on Symmetry and Applications to Nonlinear Equations Arising in Mathematical Physics[J]. Foundations of Physics, 2011, 41(5): 793-804.

[68] Liu C S. New Exact Envelope Traveling Wave Solutions to Higher-Order Dispersive Cubic Qintic Nonlinear Schr{\"o}dinger Equation[J]. Communications in Theoretical Physics. 2005, 44(5): 799-801.

[69] Wazwaz A M, Triki H. A New Trial Equation Method for Finding Exact Chirped Soliton Solutions of the Quintic Derivative Nonlinear Schrödinger Equation with Variable Coefficients[J]. Waves in Random and Complex Media, 2017, 27(1): 153-162.

[70] Triki H, Wazwaz A M. Trial Equation Method for Solving the Generalized Fisher Equation with Variable Coefficients[J]. Physics Letters A, 2016, 380(13): 1260-1262.

[71] Biswas A, Yildirim Y, Yasar E, et al.. Optical Soliton Perturbation with Full Nonlinearity for Gerdjikov Ivanov Equation by Trial Equation Method[J]. Optik, 2018, 157: 1214-1218.

[72] Biswas A, Yildirim Y, Yasar E, et al.. Optical Soliton Perturbation with Full Nonlinearty by Trial Equation Method[J]. Optik, 2017, 157: 1366-1375.

[73] Zhou Q, Ekici M, Sonmezoglu A, et al.. Optical Solitons with Biswas Milovic Equation by Extended Trial Equation Method[J]. Nonlinear Dynamics, 2016, 127(16): 6277-6290.

[74] Gurefe Y, Misirli E, Sonmezoglu A, et al.. Extended Trial Equation Method to Generalized Non-linear Partial Differential Equations [J]. Applied Mathematics and Computation, 2013, 219 (10): 5253-5260.

[75] Hasan B, Baskonus H M, Pandir Y. The Modified Trial Equation Method for Fractional Wave Equation and Time Fractional Generalized Burgers Equation [J]. Abstract and Applied Analysis, 2013, 2013: 636802.

[76] Gurefe Y, Sonmezoglu A, Misirlt E. Application of the Trial Equation Method for Solving Some Nonlinear Evolution Equations Arising in Mathematical Physics [J]. Pramana, 2011, 77(6): 1023-1029.

[77] Bulut H, Pandir Y, Seyma T D. Exact Solutions of Nonlinear Schrodinger Equation with Dual Power Law Nonlinearity by Extended Trial Equation Method [J]. Waves in Random and Complex Media, 2014, 24(4): 439-451.

[78] Gepreel K A, Nofal T A. Extended Trial Equation Method for Nonlinear Partial Differential Equations [J]. Zeitschrift Fur Naturforschung A, 2015, 70(4): 269-279.

[79] Pandir, Y. New Exact Solutions of the Generalized Zakharov Kuznetsov Modified Equal Width Equation [J]. Pramana, 2014, 82(6): 949-964.

[80] Mehmet, Ekici, Mohammad, et al.. Dark and Singular Optical Solitons with Kundu Eckhaus Equation by Extended Trial Equation Method and Extended G′/G Expansion Scheme [J]. Optik, 2016, 127(22): 10490-10497.

[81] Ekici M, Mirzazadeh M, Sonmezoglu A, et al.. Nematicons in Liquid Crystals by Extended Trial Equation Method [J]. Journal of Nonlinear Optical Physics and Materials, 2017, 26(1): 1750005.

[82] Ekici M, Mirzazadeh M, Sonmezoglu A, et al.. Optical Solitons with Anti Cubic Nonlinearity by Extended Trial Equation Method [J]. Optik, 2017, 136: 368-373.

[83] Mirzazadeh M, Ekici M, Sonmezoglu A, et al.. Optical Solitons in Birefringent Fibers by Extended Trial Equation Method [J]. Optik, 2016, 127(23): 11311-11325.

[84] Sonmezoglu A, Ekici M, Arnous A H, et al.. Parallel Propagation of Dispersive Optical Solitons by Extended Trial Equation Method [J]. Optik, 2017, 144: 565-572.

[85] Demiray S T, Pandir Y, Bulut H. New Solitary Wave Solutions of Maccari System [J]. Ocean Engineering, 2015, 103: 153-159.

[86] Odabasi M, Emine M. On the Solutions of the Nonlinear Fractional Differential Equations via the Modified Trial Equation Method [J]. Mathematical Methods in the Applied Sciences, 2018, 41 (3): 904-911.

[87] Tuluce D S, Bulut H. Some Exact Solutions of Generalized Zakharov System [J]. Waves in Random and Complex Media, 2015, 25(1): 75-90.

[88] Haci B, Hasan B. New Hyperbolic Function Solutions for Some Nonlinear Partial Differential Equation Arising in Mathematical Physics [J]. Entropy, 2015, 17(6): 4255-4270.

[89] Mirzazadeh M. Soliton Solutions of Davey Stewartson Equation by Trial Equation Method and Ansatz Approach [J]. Nonlinear Dynamics, 2015, 82(4): 1775-1780.

[90] Bulut H, Pandir Y. Modified Trial Equation Method to the Nonlinear Fractional Sharma Tasso Olever Equation[J]. International Journal of Modeling and Optimization, 2013, 3(4): 353-357.

[91] Odabasi M, Misirli E. On the Solutions of the Nonlinear Fractional Differential Equations via the Modified Trial Equation Method[J]. Mathematical Methods in the Applied Sciences, 2015, 41 (3): 904-911.

[92] Tandogan Y A, Bildik N. Exact Solutions of the Time Fractional Fisher Equation by Using Modified Trial Equation Method[C]. American Institute of Physics Conference Series, AIP Conference Proceedings, 2016.

[93] Maciasdiaz J E, Vargasrodriguez H. Traveling Wave Solutions of a Generalized Damped Wave Equation with Time Dependent Coefficients Through the Trial Equation Method[J]. Journal of Mathematical Chemistry, 2018, 56(7): 1976-1984.

[94] Bilgehan B, Ali Z. Direct Solution of Nonlinear Differential Equations Derived From Real Circuit Applications[J]. Analog Integrated Circuits and Signal Processing, 2019, 101(3): 441-448.

[95] Ozyapici A. Generalized Trial Equation Method and Its Applications to Duffing and Poisson Boltzmann Equations[J]. Turkish Journal of Mathematics, 2017, 41: 686-693.

[96] Du X H. An Irrational Trial Equation Method and Its Applications[J]. Pramana, 2010, 75(3): 415-422.

[97] Yang S. Exact Solutions to Zakharov-Kuznetsov Equation with Variable Coefficients by Trial Equation Method[J]. Zeitschrift Fur Naturforschung A, 2017, 73(1): 1-4.

[98] Liu T. Exact Solutions to Time Fractional Fifth Order KdV Equation by Trial Equation Method Based on Symmetry[J]. Symmetry, 2019, 11(6): 742.

[99] Liu Y. Exact Solutions to Nonlinear Schrödinger Equation with Variable Coefficients[J]. Applied Mathematics and Computation, 2011, 217(12): 5866-5869.

[100] Yang L, Hou X R, Zeng Z B. A Complete Discrimination System for Polynomials[J]. Science in China, 1996, 39(6): 628-646.

[101] Sulem C, Sulem P L. The Nonlinear Schrödinger Equation: Self-Focusing and Wave Collapse [M]. Singapore: Springer Science and Business Media, 2007.

[102] Buryak A V, Trapani P D, Skryabin D V, et al.. Optical Solitons Due to Quadratic Nonlinearities: From Basic Physics to Futuristic Applications[J]. Physics Reports, 2002, 370(2): 63-235.

[103] Li P. On the Parabolic Kernel of the Schrödinger Operator[J]. Acta Mathematica, 1986, 156 (1): 153-201.

[104] Arriaga G, Sanmartin J R, Elaskar S A. Damping Models in the Truncated Derivative Nonlinear Schrödinger Equation[J]. Physics of Plasmas, 2007, 14: 082108.

[105] Zhang Y J, Yang C Y, Yu W T, et al.. Interactions of Vector Anti-Dark Solitons for the Coupled Nonlinear Schrödinger Equation in Inhomogeneous Fibers[J]. Nonlinear Dynamics, 2018, 94: 1351-1360.

[106] Palacios S L, Guinea A, Fernandez D, et al.. Dark Solitary Waves in the Nonlinear Schrödinger Equation with Third Order Dispersion, Self-Steepening, and Self-Frequency Shift[J]. Physical Review E, 1999, 60(1): 45-47.

120

[107] Biswas A, Ullah M Z, Asma M, et al.. Optical Solitons with Quadratic-Cubic Nonlinearity by Semi-Inverse Ariational Principle[J]. Optik, 2017, 139: 16-19.

[108] Biswas A, Mirzazadeh M, Eslami M, et al.. Solitons in Optical Metamaterials by Functional Variable Method and First Integral Approach[J]. Frequenz, 2014, 68: 525-530.

[109] Li H M, Xu Y S, Lin J. New Optical Solitons in High-Order Dispersive Cubi-c-Quintic Nonlinear Schrödinger Equation[J]. Communications in Theoretical Physics, 2004, 41(6): 829-832.

[110] Wang X. Liu Y. All Envelop Traveling Wave Patterns to Nonlinear Schrödinger Equation in Parabolic law Medium[J]. Modern Physics Letters B, 2019, 33(1): 1850428.

[111] Biswas A, Ekici M, Sonmezoglu A, et al.. Optical Solitons in Parabolic Law Medium with Weak Non-Local Nonlinearity by Extended Trial Function Method[J]. Optik, 2018, 163: 56-61.

[112] Osman M S, Korkmaz A, Rezazadeh H, et al.. The Unified Method for Conformable Time Fractional Schrödinger Equation with Perturbation Terms[J]. Chinese Journal of Physics, 2018, 56 (5): 2500-2506.

[113] Biswas A, Yildirim Y, Yasar E. Optical Soliton Perturbation for Complex Ginzburg Landau Equation with Modified Simple Equation Method[J]. Optik, 2018, 158: 399-415.

[114] Buryak A V, Trapani P D, Skryabin D V, et al.. Optical Solitons Due to Quadratic Nonlinearities: from Basic Physics to Futuristic Applications[J]. Physics Reports, 2002, 370(2): 63-235.

[115] Smirnov A O. Real Finite-gap Regular Solutions of the Kaup-Boussinesq Equation[J]. Theoretical and Mathematical Physics, 1986, 66(1): 19-31.

[116] Borisov A B, Pavlov M P, Zykov S A. Proliferation Scheme for Kaup-Boussinesq System[J]. Physica D: Nonlinear Phenomena, 2001, 152: 104-109.

[117] Kamchatnov A M, Kraenkel R A, Umarov B A. Asymptotic Soliton Train Solutions of Kaup-Boussinesq Equations[J]. Wave Motion, 2003, 38(4): 355-365.

[118] Hosseini K, Ansari R, Gholamin P. Exact Solutions of Some Nonlinear Systems of Partial Differential Equations by Using the First Integral Method[J]. Journal of Mathematical Analysis and Applications, 2012, 387(2): 807-814.

[119] Zhou J B, Tian L X, Fan X H. Solitary-Save Solutions to a Dual Equation of the Kaup-Boussinesq System[J]. Nonlinear Analysis: Real World Applications, 2010, 11(4): 3229-3235.

[120] Liao S J. Beyond Perturbation Introduction to Homotopy Analysis Method [M]. Beijing: Science Press, 2006.

[121] Triki H, Thiab R, Wazwaz A M. Solitary Wave Solutions for a Generalized KdV-mKdV Equation with Variable Coefficients[J]. Mathematics and Computers in Simulation, 2010, 80(9): 1867-1873.

[122] Tang B, Wang X M, Fan Y Z, et al.. Exact Solutions for a Generalized KdV-mKdV Equation with Variable Coefficients[J]. Mathematical Problems in Engineering, 2016, 26: 1-10.

[123] Yan Z Y, Zhang H Q. Exact Soliton Solutions of the Variable Coefficient KdV-mKdV Equation with Three Arbitrary Functions[J]. Journal of Physics, 1999, 48(11): 1957-1961.

[124] Lou S Y, Ruan H Y. Improved Tanh Function Method and New Exact Solutions of Generalized Variable Coefficient KdV and mKdV Equations[J]. Journal of Physics, 1992, 52(2): 182-187.